식물과 같이 살고 있습니다

.

탐탐

01

취미관

식물과 같이 살고 있습니다

초보 집사를 위한 반려식물 상식 사전

식물 집사 리피
지음

PLANT

21세기북스

'식물 집사'로 살고 있습니다

반려동물과 함께하는 사람을 흔히 '집사'라고 부릅니다. 반려동물을 가족으로 맞이하고 스스로 집사가 돼 관심과 사랑으로 삶의 일부분을 함께하는 것이죠. 식물도 똑같습니다. 식물은 본래 자연에서 기후와 환경에 맞게 나고 자라야 하는 생명입니다. 그런 식물을 사람이 만든 인위적인 실내 공간으로 들인다면 어떻게 될까요? 달라진 환경에 적응이 필요하겠죠. 그래서 식물을 들인 순간부터 꼭 챙겨야만 하는 것들이 생깁니다.

먼저 실내 공간에는 비가 내리지 않기 때문에 사람이 직접 물을 줘야 합니다. 좁고 한정적인 공간에서 자라는 식물을 위해 적절한 시기에 분갈이를 해주고 비료를 주는 것도 잊지 말아야 합니다. 또 식물은 스스로 자신의 위치를 옮길 수 없기 때문에 햇빛을 적절히 받게 해주는 것이 중요하죠. 게다가 혹시 모를 병이나 해충이 발생하지 않도록 꾸준히 관심을 가지고 살펴봐야 합니다. 이 모든 것들이 적절한 시기에, 과하지도 부족하지도 않게 이뤄져야 한답니다. 식물 집사로 사는 일이란 이렇게 수고로운 일입니다. 그렇기에 식물과 함께하는 사람은 자연스럽게 집사가 되고, 함께하는 식물은 삶의 일부분을 함께하는 반려식물이 되는 것이죠. 이것이 식물 집사로서의 삶입니다.

자연의 일부인 식물을 인간이 만든 공간으로 들여오는 순간부터 우리가 해야만 하는 것들이 생기지만, 우리가 얻을 수 있는 것들 또한 생깁니다. 새잎이 나고, 꽃이 피고, 열매가 맺히는 것을 보며 자연의 신비로움과 생명의 소중함을 배웁니다. 식물은 자연이 가진 고유의 색을 통해 실내에 활력을 불어넣는데, 이 살아있는 생명이 주는 초록빛의 싱그러움은 오로지 식물을 통해서만 느낄 수 있죠. 함께하는 식물의 이름과 특성을 알아가고 또 이름을 붙여주고 관리하며 나 외의 생명과 함께하는 삶에 대해 배우고 정서적 안정을 얻습니다. 이것이 식물과 함께하는 삶이 주는 의미입니다.

거창하게 표현했지만 사실 식물을 좋아하는 사람에게 식물과 함께하는 삶은 그저 좋아하는 것과 함께하는 삶입니다. 꼭 해야만 하고 신경 써야만 하는 일을 만들어도 괜찮을 정도로 식물이 좋기 때문에, 스스로 집사를 자청하며 식물을 내 집으로 하나둘 들이는 거죠. 식물이 건강하게 자라면 성취감을 느끼고, 식물이 건강하지 못하면 마음 아파하며 내 삶을 돌아보기도 합니다. 이처럼 자연이라는 생명과 함께하는 느낌을 받으며 살아가는 것이 좋습니다. 그래서 저는 식물 집사로 살고 있습니다.

Leafy

Contents

Part 2. 식물 집사의 반려식물도감

초보 집사들의 인생 첫 만남 : 난이도 하 식물

[리피의 상담 일지 Before & After]

Contents

(Outside)

녹색 위로를 선물하는 사람들

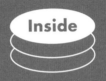

어느 날
집 안에 식물이
생겼다

나도 반려식물 집사가
될 수 있을까?

식물과 함께하고 있나요? 아니면 식물과 함께하진 않지만 식물을 사랑하나요?
자신의 식물 집사 단계를 식물 공감 빙고를 통해 확인해보세요!

분갈이를 직접 해봤다.	휴대폰에 식물 사진이 저장돼있다.	식물이 너무 예뻐 충동 구매해봤다.	지금 살고 있는 집에 식물이 있다.	SNS에서 식물 사진에 '좋아요'를 눌러봤다.
인터넷에 식물 관리법을 찾아봤다.	물 주기를 깜빡해 식물을 잃은 경험이 있다.	'식물 집사 리피'를 알고 있다.	물을 너무 많이 줘서 식물을 잃은 경험이 있다.	식물을 선물 받은 경험이 있다.
식물의 잎을 닦아줘봤다.	식물을 직접 길러 먹어봤다.	식물에 이름을 지어준 경험이 있다.	세 가지 이상의 식물을 동시에 관리해봤다.	식물을 수경 재배해봤다.
가지치기를 직접 해봤다.	식물을 선물한 경험이 있다.	식물에게 말을 걸어봤다.	식물 관리 제품을 구매해봤다.	자발적으로 식물원에 방문해봤다.
남들은 관리가 쉽다는데 나에게는 어려운 식물이 있다.	식물에서 꽃이 피거나 새잎이 나오는 것을 보고 행복감을 느낀 경험이 있다.	기르는 식물의 번식을 시도해봤다.	식물에 벌레가 생겨 고통받은 경험이 있다.	식물을 씨앗부터 키워봤다.

빙고 결과 확인

0줄

식물을 집으로 들이고 싶지만 자신은 없는 당신, **예비 식물 집사**일 확률이 높습니다. 선인장마저 죽이는 건 아닐까 고민할지 모르지만, 걱정하지 않아도 됩니다. 이 책을 읽기 시작한 순간, 당신은 예비 식물 집사에서 진짜 식물 집사로 거듭날 수 있으니까요.

1줄

식물을 좋아하지만 경험과 지식이 부족한 당신, 이제 막 식물에 관심을 갖기 시작한 **새싹 식물 집사**일 확률이 높습니다. 어쩌면 식물을 길러봤지만 죽인 경험이 있을 수도 있겠네요.

2~3줄

식물 집사라고 불릴 수 있는 당신, 경험은 있지만 지식이 부족한 **초보 식물 집사**일 확률이 높습니다. 아직 식물의 상태를 정확히 파악하는 데 서툴러, 식물에 조금만 이상이 생겨도 당황하거나 잘못된 조치를 할 수 있습니다.

4~5줄

식물 집사인 당신, 경험과 지식을 어느 정도 갖춘 **중급 식물 집사**일 확률이 높습니다. 여러 종류의 식물을 길러본 경험이 있으며, 식물이 주는 기쁨을 배워가고 있습니다. 어쩌면 식물에 대해 더 배우고자 하는 열정을 가진 노력파일 수도 있겠네요.

6줄 이상

식물과 함께하는 삶이 자연스러운 당신, 이미 풍부한 지식을 갖고 일상에서 식물이 주는 기쁨을 경험하고 있는 **베테랑 식물 집사**일 확률이 높습니다. 스스로 아직은 식물 집사로서 부족한 부분이 많다고 생각할지 모르지만, 걱정마세요. 부족한 부분은 식물 집사 리피와 함께 채워나가면 됩니다.

자연을 집에 들이려는
사람의 생각들

기르는 식물의 개수

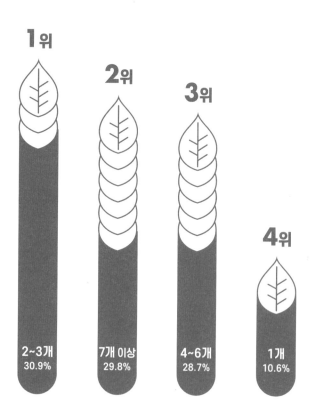

식물을 기르는 사람들은 최소 2~3개 이상의 식물을 기르는 경우가 가장 많았습니다. 그다음으로 7개 이상, 4~6개 순으로 여러 개의 식물을 키우는 경우가 많습니다. 한 번 식물을 기르기 시작하면 많은 수의 식물을 동시에 기르는 경향이 있다는 것을 알 수 있습니다.

식물을 기르는 이유

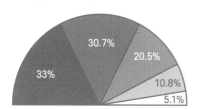

30.7%
20.5%
10.8%
5.1%
33%

- **33%** 인테리어
- **30.7%** 공기 정화
- **20.5%** 정서적 안정
- **10.8%** 애정
- **5.1%** 전자파 차단

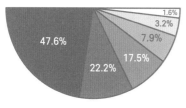

1.6%
3.2%
7.9%
17.5%
22.2%
47.6%

식물을 기르지 않는 이유

- **47.6%** 관리가 어려움
- **22.2%** 시간이 없음
- **17.5%** 관심이 없음
- **7.9%** 필요성을 못 느낌
- **3.2%** 재정적 여유가 없음
- **1.6%** 기타(아이가 어려서 등)

'실내 인테리어를 위해' 식물을 기른다는 사람이 전체의 33%로 가장 많았습니다. 플랜테리어(식물을 활용한 인테리어)가 유행하면서 식물이 인테리어의 한 요소로 자리 잡았다는 걸 알 수 있죠. 그다음은 '공기 정화 목적'으로 기르는 사람들이 30.7%를 차지해, 기능적 용도를 중요하게 생각하는 사람이 많다는 것을 알 수 있습니다. 눈에 띄는 점은 '정서적 안정'과 '애정'이라고 답한 사람이 전체 31.3%나 된다는 점입니다. 반려동물을 키우는 이유와 비슷하죠. 반려동물과 식물은 전혀 다른 카테고리처럼 보이지만, 대상에 애정을 쏟고 가족처럼 성장을 돕는다는 점에서 비슷합니다. 반려식물이 동물보다 좀 더 키우기가 수월하다는 점에서 최근 1인 가구에서 인기를 얻고 있습니다.

반대로 식물을 기르지 않는다고 답한 사람은 대부분 관리의 어려움이 그 이유였습니다. 따라서 쉽고 올바른 관리 방법만 알아둔다면 반려식물 인구는 훨씬 더 늘어나지 않을까요?

식물 관리의 어려운 점

32.3%	23.6%	23%	12.4%	8.7%
물 주기	영양	햇빛	토양	해충

식물을 기르는 사람들에게 물어봤습니다. 식물을 기르면서 가장 힘든 점은 무엇인가요? 가장 기본적 관리인 '물 주기'가 32.3%로 가장 많았습니다. 그다음은 '영양'이 23.6%, '햇빛'이 23%로 뒤를 이었습니다. 의외로 '해충'은 8.7%로 가장 적었습니다. 식물 집사들은 전문적이고 체계적인 관리 방법보다 그냥 넘어가기 쉬운 기본 관리를 어려워 한다는 것을 알 수 있습니다.

재정 부담   4.4%

좋은 제품을 못 찾아서   13.3%

33.3% 필요성을 못 느껴서

48.9% 무엇을 살지 몰라서

식물 관리 제품을 구매하지 않는 이유

또한 식물 관리 제품을 구매하지 않는 이유로는 '무엇을 살지 몰라서'가 가장 많습니다. 기본적인 관리가 어렵다는 위의 설문 결과와 이어지는 답변입니다. 내가 기르는 식물의 특성이나 그 식물이 잘 자라는 환경에 맞춰 관리 제품을 구매해야 하는데, 그런 정보를 다 알고 식물을 키우기 시작하는 사람은 거의 없습니다. 따라서 초보 식물 집사들은 무엇보다 자신이 키우는 식물에 대한 기초 정보와 물 주기, 햇빛, 온도 등 그 식물에 맞는 관리 방법을 알면 유용할 것입니다.

과거 식물을 키워본 경험 유무

66.2%
있다 　　　 **33.8%**
없다

이번에는 식물을 기르지 않는 사람들에게 과거 식물을 키워본 경험이 있는지 물어봤습니다. 무려 66.2%의 사람이 '있다'고 답했습니다. 앞서 '현재 식물을 키우지 않는 이유'가 '관리의 어려움'임을 생각하면, 꽤 많은 사람이 식물 키우기에 도전했다가 관리가 어려워 포기했다고 생각할 수 있습니다.

식물 구입을 망설이는 이유

43.3% 관리 방법을 몰라서
26.7% 벌레가 꼬일까봐
22.2% 어떤 식물을 키울지 몰라서
4.4% 식물 효과에 믿음이 안 가서
3.3% 가격 부담

식물 구입을 망설이는 이유를 물어보니 43.3%의 사람이 '관리 방법을 몰라서'라고 답했습니다. 결국 식물 집사가 되기 위한 문턱이 높다는 말입니다. 전문 지식보다도 먼저 기초 정보를 알리는 일이 시급하다는 생각이 들었습니다.

반려식물 집사로서 많은 사람들이 식물을 키우는 즐거움을 느꼈으면 합니다. 그래서 지금부터 아주 기초적이지만, 막상 누구도 알려주지 않는 식물 기초 지식과 관리법에 대해서 이야기하려고 합니다. 수많은 초보 식물 집사들을 상담한 경험을 바탕으로 실전에서 유용하게 쓰일 수 있는 정보를 정리했습니다. 식물 집사들을 위한 기본 상식은 물론, 키우는 식물 종류에 딱 맞는 관리 방법을 알 수 있을 것입니다.

초보 집사를 위한
신비한 식물 용어 사전

알고 나면 더 잘 키울 수 있는 신비한 식물 용어!
막연하게만 알고 있던 식물을 이루는 각 기관과 전문 용어의 정확한 정의를 알면
식물을 보다 잘 이해하고 관리할 수 있습니다.

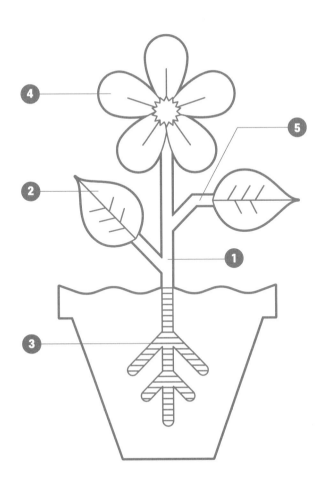

❶ 줄기 Stem　　식물을 지탱하는 부분.

❷ 잎 Leaf　　　식물의 에너지 생산을 담당하는 부분.

❸ 뿌리 Root　　땅속에서 물과 양분을 흡수해 줄기와 잎으로 전달하는 부분.

❹ 꽃 Flower　　식물의 번식을 담당하는 부분.

❺ 가지 Branch　중심 줄기에서 갈라져 자라는 부분.

❻ 마디 Node　　식물의 줄기에서 잎이 나는 부분.

❼ 종자 Seed　　식물의 번식이 시작되는 부분.

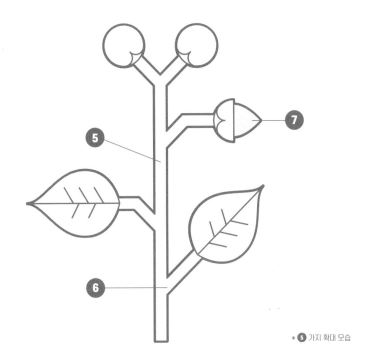

＊❺ 가지 확대 모습

① 줄기
Stem

식물을 지탱하는 부분으로, 주로 흙 위로 나와있으며 잎을 달고 있습니다. 양분이 이동하는 통로이자 잎을 햇빛에 잘 노출될 수 있도록 적절히 배열하는 역할을 합니다.

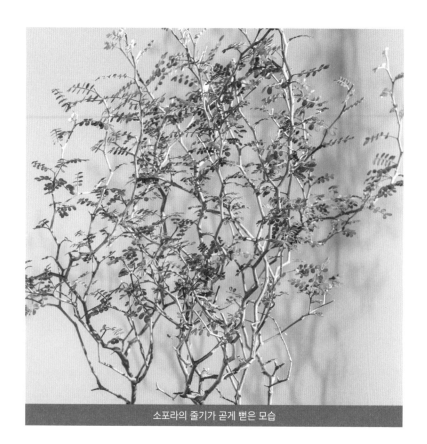

소포라의 줄기가 곧게 뻗은 모습

덩굴줄기
Climbing Stem

다육경
Succulent Stem

스스로 서지 못하고 줄기 자체가 다른 물체를 감아 올라가거나, 잎 또는 가지가 변형된 형태로 다른 물체에 붙어 올라가는 줄기입니다.

많은 수분을 저장하기 위해 두툼하게 변화한 줄기입니다. 다육경을 가진 식물을 다육 식물이라 합니다. 대다수의 다육 식물은 잎 부분이 퇴화하고 다육경이 발달해, 광합성도 잎이 아닌 주로 다육경을 통해 이뤄집니다.

덩이줄기
Tuber

둥근 형태로 비대하게 변화한 줄기입니다. 영양분을 저장하는 역할을 합니다. 고구마로 대표되는 덩이뿌리와 매우 비슷한 특징을 가지지만, 덩이뿌리와 달리 줄기에 영양분을 저장합니다.

❷
잎
Leaf

식물의 에너지 생산을 담당하는 부분입니다. 낮에는 주로 빛과 이산화 탄소, 물을 이용해 에너지를 만드는 '광합성'을 하고, 빛이 적은 밤에는 이산화 탄소를 배출하고 산소를 흡수하는 '호흡'을 활발하게 합니다.

광합성에 사용하고 남은 수분은 잎에서 수증기 형태로 배출됩니다.

벌레잡이잎
Insectivorous Leaf

곤충과 같은 작은 동물을 잘 포착하도록 변형된 잎입니다. 벌레잡이 식물에 따라 잎의 모양이 다양합니다. 대표 식물로는 잎을 여닫으며 벌레를 가두는 파리지옥과 주머니 모양 잎이 벌레를 유인하는 네펜데스가 있습니다.

가시
Spine

선인장 식물의 가장 특징 중 하나입니다. 가시는 가시 자리에 형성되고, 다른 잎들과는 다르게 광합성 기능을 하지 못하는 것이 특징입니다. 가시를 가진 대표적인 선인장으로 용신목 등이 있습니다.

떡잎
Cotyledon

씨앗에서 가장 먼저 만들어지는 잎입니다. 떡잎이 두 장이면 쌍떡잎식물, 한 장이면 외떡잎식물로 분류합니다. 식물의 성장 초기에 필요한 에너지를 생성하다가, 시간이 지나며 자연스럽게 퇴화합니다.

뜨는 잎
Floating Leaf

물위에 떠서 자라는 잎으로, '부수엽'이라고도 부릅니다. 수생 식물에게 흔히 볼 수 있는 잎의 형태입니다. 어린잎은 물 아래에서 자라다가 일정 수준 성장하면 물위로 떠오릅니다. 뜨는 잎을 가진 대표 식물로는 개구리밥과 부레옥잠 등이 있습니다.

❸ 뿌리
Root

땅속에서 물과 양분을 흡수해 줄기와 잎으로 전달하는 부분입니다. 식물이 곧게 자랄 수 있도록 지주대 역할도 하죠. 뿌리에 이상이 생기면 줄기와 잎도 영향을 받아 식물의 모양이나 색이 변하는 현상이 나타날 수 있습니다.

식물이 잘 자랄 수 있도록 땅속에서 튼튼하게 지지하고 있는 뿌리의 모습.

원뿌리 & 곁뿌리
Tap Root & Lateral Root

씨앗에서 자라난 어린뿌리가 굵고 곧게 변한 것이 '원뿌리'입니다. 이 원뿌리에서 파생한 뿌리가 '곁뿌리'입니다. 곁뿌리는 흙 속 양분을 흡수해 원뿌리로 전달하고 원뿌리는 다시 줄기로 양분을 전달하는 통로 역할을 합니다.

수염뿌리
Fibrous Root

굵고 곧은 원뿌리와 달리, 길이와 굵기가 서로 비슷한 뿌리들이 수염처럼 뻗어나온 뿌리입니다. 대부분의 한해살이풀은 단기간에 많은 양분을 흡수할 수 있는 수염뿌리를 가지고 있습니다.

공기뿌리
Aerial Root

땅속이 아닌 공기 중에 나와 기능하는 뿌리로, '기근'이라고도 부릅니다. 옥수수는 줄기를 지탱하기 위해, 난초류는 공기 중의 수분을 흡수하기 위해 공기뿌리를 활용합니다. 이처럼 식물에 따라 다양한 용도로 이용하도록 발달했습니다.

덩이뿌리
Root Tuber

뿌리가 양분을 비축하며 비대해져 저장 기관의 역할을 하도록 변형된 뿌리입니다. '괴근'이라고도 부르며, 다량의 녹말과 당분을 저장하고 있어 식용으로 활용합니다. 대표 식물로는 고구마를 들 수 있습니다.

❹
꽃
Flower

식물의 번식을 담당하는 부분입니다. 씨앗으로 발달하는 생식 기관 (밑씨)이 겉으로 드러나지 않는 '속씨식물'에서 볼 수 있습니다. 꽃가루의 이동을 통해서만 번식이 가능해 바람, 곤충 등이 꽃가루의 이동을 돕습니다.

다양한 색과 모양을 가진 아름다운 꽃.

❺
가지
Branch

중심 줄기에서 갈라져 자라는 부분입니다. 줄기와 잎 사이에서 양분을 전달하는 통로 역할을 합니다. 새로운 가지가 생기는 현상이나 새롭게 생긴 가지를 '분지'라고 합니다.

아름답게 형성된 가지를 관찰할 수 있는 '소포라'.

❻
마디
Node

식물의 줄기에서 잎이 나는 부분입니다. 식물이 생장하는 과정에서 시작점 역할을 하는 중요한 지점이죠. 마디와 마디 사이에 위치한 부분은 '마디 사이'라고 하는데, 보통 '마디 - 마디 사이 - 마디'의 순서 반복으로 식물이 자랍니다.

마디 - 마디 사이 - 마디 순서 반복으로 자란 모습.

❼
종자
Seed

식물의 번식이 시작되는 부분입니다. 일반적으로 '씨앗'이라고 부릅니다. 종자는 적절한 온도와 물, 공기가 있으면 뿌리가 생기고 싹이 트며 성장합니다. 종류에 따라 적절한 빛이 필요한 경우도 있습니다.

새로운 생명의 탄생을 품고 있는 씨앗의 모습.

플라워 컬러칩 :
반려식물 꽃색 모음

수국
#청초하고_여린_파랑

무스카리
#탐스럽고_고운_파랑

BLUE

델피니움
#짙고_생기_있는_파랑

히아신스
#부드럽고_순한_파랑

데이지
#천진난만한_아이_같은_하양

안개꽃
#맑은_마음_같은_깨끗한_하양

WHITE

백합
#향기만큼_고혹스러운_하양

꽃치자
#엷은_미소를_닮은_하양

익소라
#마음속_불꽃_같은_빨강

동백나무
#깊은_연정의_빨강

RED

덴마크 무궁화
#수수한_빨강

거베라
#호감이_가득_담긴_빨강

군자란
#밝고_산뜻한_주황

매리골드
#부드럽고_고운_주황

ORANGE

황화 코스모스
#담백한_가을_주황

능소화
#비밀을_품은_듯한_주황

Color Chip

시네라리아
#강렬하고_화려한_보라

세인트폴리아
#벨벳이_떠오르는_보라

PURPLE

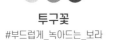

투구꽃
#부드럽게_녹아드는_보라

용담
#여리지만_솔직한_보라

복수초
#추위를_녹이는_노랑

산수유
#햇살처럼_따뜻한_노랑

양골담초
#작지만_소중한_빛_노랑

수선화
#기품_있는_노랑

식물과
같이 살고 있나요?

Part 1.

식물을 키우기 위해
준비할 것들

나에게 꼭 맞는 집이 필요해요
화분

대부분의 관엽 식물은 재배 과정에서 플라스틱으로 만든 화분에 담겨 자랍니다. 이 플라스틱 화분에 맞게 식물이 자라고 식물의 크기와 가격이 결정되죠. 그런 뒤 경매나 시장을 통해 소비자에게 판매됩니다. 기본 플라스틱 화분에 담긴 식물은 자랄수록 뿌리가 화분 안에 가득 차게 돼 흙 속 영양분을 대부분 소비합니다. 그렇기 때문에 알맞은 크기의 새로운 화분으로 분갈이하는 작업이 꼭 필요합니다. 물론 미관상의 목적도 빼놓을 수 없고요. 화분은 식물이 살아가는 집입니다. 식물이 살아가는 집에는 어떤 종류가 있는지 살펴봅시다.

1. 플라스틱 화분
2. FRP 화분
3. 테라조 화분
4. 도자기 화분
5. 토분
6. 시멘트 화분
7. 철제 화분
8. 라탄 화분

1. 플라스틱 화분

플라스틱 소재로 만들어진 화분입니다. 가격이 저렴하고 가벼우며 깨질 염려가 적어 오래전부터 널리 쓰이는 소재로, 크고 무거운 식물을 심기에 적합합니다. 다양한 색과 형태가 있어 선택의 폭이 넓습니다. 하지만 최근 환경 문제에 관심이 높아지면서 플라스틱 화분의 수요가 조금씩 줄어드는 추세입니다.

2. FRP 화분

FRP는 섬유 강화 플라스틱으로, 무게에 비해 강도가 높고 부식에 매우 강하며 성형이 쉬운 강화 플라스틱입니다. 일반적으로 FRP 소재 화분은 겉면을 마감 처리해 마치 도자기 화분처럼 보입니다. 플라스틱과 마찬가지로 가볍고 저렴하며 깨질 염려가 적기 때문에, 크기가 큰 식물을 심는 데 주로 쓰입니다.

3. 테라조 화분

테라조는 인조석의 한 종류로, 대리석을 활용해 시멘트와 혼합하거나 표면을 마무리해 만든 재료입니다. 보통 실내외 바닥 마감재로 널리 쓰입니다. 대리석보다 저렴한 가격으로 대리석과 유사한 느낌을 줄 수 있어 고급스러운 느낌을 찾는 사람들에게 인기가 높습니다. 하지만 무게가 무겁고 깨지기 쉽다는 단점이 있습니다.

4. 도자기 화분

흙을 구워 만든 화분에 유약을 발라 색이나 모양을 만들어 한 번 더 구워낸 화분입니다. 유약 처리로 인한 광이 특징이며, 가격이 다소 높고 깨지기 쉽다는 단점이 있습니다. 유약 처리를 하지 않은 토분보다 통기성은 낮지만 고급스러운 느낌을 연출합니다.

5. 토분

흙을 구워 유약 처리를 하지 않거나 한 번만 가볍게 초벌구이를 해 만든 화분입니다. 흙의 수분을 빨아들여 밖으로 배출하기 때문에, 과도한 습기에 취약한 식물에 적합합니다. 하지만 이 과정에서 표면에 희거나 푸른 얼룩이 나타나는 백화 현상이 생길 수 있습니다. 또한 충격에 약해 깨지기 쉽습니다.

6. 시멘트 화분

시멘트로 만든 화분입니다. 마감에 따라 빈티지하거나 깔끔하고 현대적인 느낌을 연출합니다. 하지만 바람이 통하지 않기 때문에, 물 마름이 늦고 매우 무겁다는 단점이 있습니다.

7. 철제 화분

금속 재료로 만든 화분입니다. 시멘트 화분과 마찬가지로 마감에 따라 빈티지하거나 깔끔하고 현대적인 느낌을 연출하기에 적합합니다. 충격에 강하고 변형이 적어 오랜 기간 사용이 가능하지만, 가격이 비싸고 무거우며 장시간 햇빛을 받을 경우 열을 받아 뜨거워지기 쉽다는 단점이 있습니다. 바람이 통하지 않기 때문에 물 마름 또한 늦습니다.

4. 라탄 화분

동남아시아의 열대 지방에서 주로 자라는 야자과의 덩굴 식물인 라탄으로 만들거나 다른 재료를 혼합해 라탄과 비슷한 색상과 질감을 연출한 화분을 통틀어 라탄 화분 또는 라탄 바구니라고 합니다. 자연스러운 느낌과 부드러운 분위기가 식물과 잘 어울려 인기가 높습니다. 하지만 라탄 소재의 화분은 사이사이의 틈이 너무 커 흙이 잘 새어나오며, 물에 장기간 노출될 경우 썩거나 변형되기 쉽습니다. 그래서 내부에 비닐이나 플라스틱을 활용해 식물을 식재하고 플라스틱 화분 겉면을 가리는 용도로 활용합니다.

흙과 돌

식물은 화분 속 흙과 돌이 어우러진 환경에서 살게 됩니다. 흙과 돌은 생장과 건강에 영향을 끼칠 수 있는 요소이기 때문에 무척 중요합니다. 식물 특성에 맞게 적절한 흙을 사용한다면 더욱 건강하게 식물을 관리할 수 있습니다.

1. 부엽토

나뭇잎이나 작은 가지들이 미생물에 의해 부패, 분해돼 생긴 흙입니다. '부식토'라고도 하며 원예에서 가장 많이 이용하는 흙 중 하나입니다. 낙엽을 쌓아 부패시켜 만들거나, 자연적으로 부패 및 분해된 흙을 사용하기도 합니다. 수분을 보존하는 보수력이 뛰어나며 영양분이 풍부합니다. 겉모습으로는 배양토와 거의 차이가 없습니다.

2. 배양토(혼합토, 배합토)

꽃이나 나무 등 원예 식물을 재배하기 위해 적합한 흙과 피트모스, 코코피트, 펄라이트, 훈탄, 퇴비 등의 소재를 비율에 맞도록 섞어 가공해 만든 흙입니다. 시중에서 원예용 상토, 분갈이 용토 등의 이름으로 판매되는 원예용 흙은 모두 배양토에 속합니다. 혼합 비율에 따라 특성이 달라지지만, 일반적으로 적절한 배수력과 보수력을 가지도록 혼합합니다.

3. 마사

화강함이 풍화돼 생성된 흙이지만, 사실 아주 작은 자갈에 가깝습니다. 보통 세립(1~2mm), 소립(2~4mm), 중립(5~9mm), 대립(10~14mm)으로 구분하며 용도에 따라 적절한 크기의 마사를 사용합니다. 주로 분갈이 시 흙과 함께 섞어 배수력을 높이거나 흙 위에 까는 꾸밈 돌 용도로 사용합니다.

4. 펄라이트

특정 돌에 열을 가해 인위적으로 팽창시켜 만든 돌입니다. 무게가 가볍고 배수성과 통기성이 좋아 주로 배양토나 상토와 섞어 배수성을 높이거나, 흙 위에 까는 꾸밈 돌 용도로 사용합니다.

5. 난석

화산석의 한 종류로, 난을 심는 데 주로 사용돼 난석이라고 부릅니다. 돌에 미세한 공기구멍이 많아 가벼우면서도 배수성과 통기성이 뛰어납니다. 화분 아래에 배수층을 형성하는 용도로 많이 사용하며 크기에 따라 소립, 중립, 대립으로 구분합니다.

6. 바크

나무껍질을 높은 온도로 쪄 만든 부산물입니다. 무게가 무척 가벼우며 배수성, 통기성, 보수성이 뛰어납니다. 다만, 관리에 신경을 쓰지 않으면 쉽게 썩는 단점이 있습니다. 난 재배에 주로 사용합니다.

화산석 레드

화산석 블랙

7. 화산석

화산 활동으로 생성된 돌인 현무암입니다. 구멍이 많아 가볍고 배수성과 통기성이 뛰어나 조경, 인테리어, 수족관 등 여러 방면에 사용합니다. 손톱만 한 것부터 주먹보다 큰 것까지, 크기가 무척 다양합니다. 보통 화분에는 흙 위에 까는 꾸밈 돌 용도로 사용합니다.

8. 하이드로볼

황토를 구워 인공적으로 만든 돌입니다. 가볍고 배수성과 통기성이 뛰어나며, 흙 위에 까는 꾸밈 돌 용도로 많이 사용합니다. 가격이 다소 비싼 단점이 있습니다.

9. 컬러 스톤

무색의 화강암에 화학 및 기술 처리를 통해 인위적으로 만든 다양한 색상의 돌입니다. 색상에 따라 다양한 인테리어 연출이 가능합니다.

10. 에그 스톤

달걀 모양의 작은 돌입니다. 흙 위에 포인트를 주는 인테리어 용도로 사용합니다. 크기가 매우 다양합니다.

11. 수태

물에 불려 사용하는 이끼로, 자연 상태의 물이끼를 건조한 것입니다. 물을 흡수하는 능력이 뛰어나며 통기성이 좋습니다. 주로 난을 심거나 삽목하는 용도로 사용합니다. 사용 전에는 물에 충분히 불려야 합니다.

장비부터 갖추고 시작하는 그대에게
원예 도구

분갈이를 하거나 수형을 잡는 등 식물을 쉽고 적절하게 관리하기 위해서는 도구의 도움이 필요합니다. 식물 관리 도구들은 형태와 쓰임새가 무척 다양하기 때문에, 초보자와 전문가 모두에게 유용한 원예 도구의 명칭과 쓰임새를 알아봅시다.

1. 모종삽
어린 식물을 옮겨 심거나 흙을 옮겨 담을 때 사용하는 손바닥 크기의 작은 삽입니다. 용도에 따라 크기와 모양이 조금씩 다릅니다. 무겁거나 지나치게 크지 않은 모종삽을 선택하는 게 사용하기 좋습니다.

2. 원예 가위
식물의 줄기, 잎, 가지 등을 자르는 데 사용하는 가위입니다. 가윗날이 강하고 짧으며 손잡이가 긴 형태로, 일반 가위보다 크기는 작습니다. 이러한 생김새 때문에 다른 부분에 상처를 내지 않고 자르고자 하는 부분을 보다 깔끔하게 잘라낼 수 있습니다.

3. 물뿌리개
화분에 물을 주는 데 사용하는 도구입니다. 관리하는 화분의 개수와 크기에 맞는 용량으로 선택하는 것이 좋습니다. 입구가 너무 넓으면 한 번에 많은 양의 물이 쏟아질 수 있으니, 입구의 크기 또한 충분히 고려해야 합니다. 최근에는 다양한 재질과 디자인, 색상의 물뿌리개가 나와있습니다.

4. 분무기

물이나 약품을 안개처럼 뿜어내는 도구입니다. 잎이나 공중에 물을 분무해 습도를 조절하거나 씨앗, 크기가 아주 작은 식물, 행잉 식물 등에 물을 공급하는 데 사용합니다. 병해충이 발생한 경우에는 약품 살포에 사용하기도 합니다. 일반 분무기 외에도 압축된 공기를 이용하는 압축 분무기, 전기를 이용한 자동 분무기 등이 있습니다.

5. 원예용 갈퀴

분갈이 시 식물의 엉킨 뿌리를 풀어주고 뿌리에 붙어있는 묵은 흙을 털어낼 때 사용합니다. 딱딱해진 흙을 긁어내거나 정리할 때도 사용할 수 있습니다. 크기가 작은 식물에 유용하며, 부러지기 쉬운 플라스틱 갈퀴보다는 쇠로 만들어진 갈퀴가 더 편리합니다.

6. 줄자

화분이나 식물의 크기를 측정하기 위한 도구입니다. 원예 도구는 아니지만 새로 옮겨 심을 화분의 크기를 측정하거나, 화분의 크기를 정확하게 비교하기 위해 반드시 필요한 도구입니다. 식물을 구입하기 전 배치 공간을 예상할 때도 유용하기 때문에 하나쯤 가지고 있는 것이 좋습니다.

7. 나무 막대

식물을 화분에 심을 때 흙을 찔러 빈 공간을 없애고 흙을 다지기 위한 도구입니다. 또 화분에 깊게 찔러 넣어 흙이 말랐는지 아닌지 확인하는 용도로도 사용할 수 있습니다. 굵기가 너무 두껍지 않은 나무 막대를 사용하는 것이 좋습니다.

물만 먹고 살 순 없잖아요
비료

실내 환경에서 키우는 식물은 흙이 담긴 화분이라는 한정된 공간에서 자랍니다. 이 흙은 식물이 자라는 데 필요한 양분을 품고 있어 식물은 자연스럽게 흙 속의 양분을 사용해 자랍니다. 하지만 흙의 양이 한정적이기 때문에 흙 속 양분은 점차 줄어들죠. 물론 크기가 커지면 그만큼 더 많은 양분이 필요하기 때문에 이럴 때는 더 큰 화분에 양분이 충분한 새 흙으로 분갈이를 해주는 것이 가장 좋습니다. 하지만 식물 크기가 크고 화분이 무거운 경우에는 일반 가정에서 직접 분갈이하기란 쉽지 않습니다. 그래서 분갈이를 하지 않더라도 성장에 필요한 양분을 공급할 수 있도록 비료나 식물 영양제를 사용합니다.

비료와 식물 영양제는 이름만 다를 뿐 동일한 것을 지칭하는 단어입니다. 법률상으로 식물에게 영양분을 보충해주는 제품은 모두 비료라는 정식 명칭으로 통일하고 있습니다. 하지만 판매와 사용의 편의성을 위해 실내에서 자라는 관상용 식물에 사용하는 것을 식물 영양제라고 말하는 것이죠. 그러므로 '비료 = 식물 영양제'라는 사실을 기억해주세요! 비료(식물 영양제)는 크게 원재료와 형태의 차이로 구분할 수 있습니다.

1
'원재료'를 통한 구분

화학 비료

인위적으로 화학 물질을 합성해 만든 비료입니다. 식물의 생장에 필요한 질소, 인, 칼륨과 같은 화학 물질을 쉽게 흡수할 수 있는 형태로 만들어 효과가 빠릅니다. 하지만 지나치게 많이 사용하면 오히려 식물 생장에 악영향을 끼칠 수 있습니다. 또한 토양의 산성화, 수질 오염, 대기 오염과 같은 환경 오염의 원인이 되기도 합니다.

유기질 비료

인위적인 화학 물질이 아닌, 자연에서 얻을 수 있는 식물 재료, 동물 분뇨, 각종 껍질 등으로 만든 비료입니다. 화학 비료에 비해 자원 순환 측면에서 효과적이죠. 물론 화학 비료에 비해 식물 생장에 필요한 질소, 인 등의 성분 함량은 비교적 낮지만 특정 성분에 대해서는 상당히 높은 수준을 나타내기도 합니다. 토양 내 미생물 작용으로 분해돼 식물에 흡수되기 때문에 효과가 오래 지속되고 과영양으로 인한 생장 장애가 잘 일어나지 않는다는 장점이 있습니다. 그 밖에도 유기질 자원 내 영양소의 광물화 촉진, 토양 질의 근본적 개선, 미생물의 자극에 의한 식물 성장 자극을 통해 생산성을 높이는 효과가 있습니다.

2
'형태'를 통한 구분

액체 비료

액체 형태로 만든 비료입니다. 사용이 쉽고, 빠르게 흙에 흡수돼 효과가 빨리 나타나는 것이 장점입니다. 하지만 물을 주는 경우 함께 씻겨 내려가 효과가 미비하거나, 뿌리에 직접 닿으면 과영양 증상이 나타날 수 있는 단점이 있습니다. 또한 액체 형태의 비료는 모두 화학 비료입니다.

고체 비료

알갱이, 펠릿, 가루 등 고체 형태로 만들어진 비료입니다. 물을 주면 흙에 천천히 녹거나 스며들어 흡수됩니다. 액체 비료에 비해 효과는 느리지만, 오래 지속되는 장점이 있습니다. 고체 형태의 비료는 화학 비료와 유기질 비료를 모두 포함하고 있습니다.

너무 많아도, 적어도 안 되는 세계
물 주기

식물과 함께한다면 알아야 할 기본 중의 기본! 바로 물 주기입니다. 일반적으로 식물은 성장을 위해 광합성 작용을 해야 하고, 광합성 작용을 하기 위해서는 물과 빛이 필수적입니다. 특히 물은 실내 환경에서 식물 스스로가 공급할 수 없기 때문에 사람이 꼭 챙겨줘야만 합니다. 많은 사람들이 식물 관리를 어려워하는 가장 큰 이유가 바로 이 물 주기에 대한 부담 때문이기도 하죠. 하지만 물 주기의 기본만 알아둔다면 크게 어렵지 않다는 걸 알게 될 겁니다.

1
흙이 충분히 말랐을 때
물을 주는 것!

흙이 충분히 말랐을 때 물을 주는 건 식물
이 물을 필요로 할 때 준다는 것입니다. 배
가 충분히 부른 사람에게 음식을 강요하면
탈이 나듯, 식물도 물이 충분한데 계속 물을
주면 문제가 생기죠. 흙이 오랜 시간 젖은
채로 있으면 뿌리는 호흡을 하지 못하고, 뿌
리가 호흡하지 못하면 식물이 썩거나 무르
는 등 문제가 생깁니다. 꼭 흙이 충분히 마
른 뒤에 물을 줘야 식물이 죽지 않고 살아
갈 수 있습니다.

2
식물 특성에
맞게 주는 것!

흙이 충분히 마른 뒤에 물을 줘야 하는 것을
알았다면, 이제는 식물의 특성에 따라 어느
정도의 상태일 때 물을 주는 게 좋은지 파악
해야 합니다. 선인장과 같은 다육 식물은 건
조한 환경에 아주 강해서, 오히려 물을 자
주 주지 않는 것이 좋습니다. 흙이 안쪽까
지 충분히 마른 뒤에 물을 줘야 하죠. 몬스
테라처럼 환경 적응력이 뛰어난 식물은 다
소 건조하거나 습한 환경에서도 문제없이
자랍니다. 물 주는 시기를 조금 놓치더라도
크게 문제가 되지 않죠. 겉흙이 완전히 마르
고 1~3일 정도 뒤 물을 주는 게 가장 이상적
입니다. 윌마, 로즈메리, 유칼립투스처럼 물
에 민감한 식물은 흙이 마른 상태로 오래 방
치하면 금방 잎이 상하고 시들 수 있습니다.
하지만 수분이 많은 과습에도 취약해, 주기
적으로 흙 상태를 점검하고 겉흙이 충분히
마르면 바로 물을 주는 것이 좋습니다.

3
계절, 날씨, 환경에 따라
적절하게 주는 것!

식물은 계절에 민감한 생명체입니다. 우리나라는 사계절이 뚜렷해 계절에 따라 기온, 일조량, 습도 등 환경이 급격하게 변합니다. 환경이 변한다는 것은 흙이 마르는 속도, 식물에게 필요한 물의 양 등 모든 게 달라진다는 뜻이죠. 흙이 마르는 속도는 기온, 일조량, 통풍, 습도 등에 따라 달라집니다. 식물에게 필요한 물의 양은 기온과 일조량 등에 따라 반응하는 식물의 성장 주기와 관련이 있습니다. 이 모든 것들이 실내 환경의 상태에 따라 변동되기도 하죠. 즉 겨울에는 낮은 기온과 적은 일조량으로 인해 흙이 마르는 속도가 느리고, 식물이 성장을 더디게 하거나 휴면기에 들어가기 때문에 물을 많이 필요로 하지 않습니다. 이런 시기에는 물 주는 주기를 평소보다 길게 해야 합니다. 반대로 여름에는 기온이 높고 일조량이 많으며 환기가 원활해 흙이 마르는 속도가 빠릅니다. 이런 시기에는 물 주는 주기가 짧아져야 합니다. 하지만 추운 겨울이라고 하더라도 실내 환경을 난방으로 충분히 따뜻하게 유지한다거나, 여름이지만 장마 기간으로 주변 환경이 습한 경우 흙이 마르는 정도가 달라집니다. 그렇기 때문에 환경과 날씨에 대한 부분도 고려해야 합니다.

❋

길게 설명했지만 한 줄로 요약하면 '식물이 가진 특성에 맞춰서, 흙이 충분히 마른 뒤 물을 준다'는 것입니다. 여전히 물 주기가 어렵게 느껴진다면 관리가 쉬운 식물부터 차근차근 함께하며 물 주는 방법을 익혀보는 건 어떨까요?

자연의 도움이 조금 필요합니다
햇빛과 온도

1
햇빛

앞서 언급한 물만큼 식물에게 중요한 것이 빛입니다. 식물은 각자 가진 특성에 맞는 적절한 양의 빛을 공급받아야 건강하게 성장할 수 있습니다. 자신에게 필요한 빛이 충분하지 못하면 잎이나 줄기를 지나치게 크게 만들어 빛을 더 공급받으려 하죠. 그럴 경우 잎과 잎 사이, 줄기의 마디와 마디 사이가 멀어져 수형이 흐트러지고 무게를 견디지 못해 쓰러지는 경우가 생길 수 있습니다. 이를 '웃자람'이라고 합니다. 반대로 지나치게 강한 빛은 식물이 수증기를 내뿜는 증산 작용을 과다하게 만들어 잎이 마르거나 색이 변하는 원인이 됩니다.

이처럼 식물 특성에 맞는 적절한 양의 빛을 공급해주는 일은 매우 중요합니다. 그래서 적절한 양의 빛을 받을 수 있는 공간에서 관리하는 것이 좋습니다. 대부분의 실내 식물은 적은 양의 빛으로도 별문제 없이 성장합니다. 하지만 레몬이나 오렌지 재스민과 같이 꽃을 피우고 열매를 맺고 빛을 좋아하는 식물은 하루 종일 충분한 양의 빛을 받아야 건강히 성장할 수 있습니다. 그러므로 빛이 많이 필요한 식물인지 빛이 적은 환경에서도 충분히 자라는 식물인지 확인하는 것이 빛에 관한 가장 기본적인 태도라고 할 수 있습니다.

온도

식물은 온도에 민감합니다. 식물 온도와 관련해서는 적정 생육 온도, 최저 생육 온도, 내한성이라는 다소 어렵게 느껴지는 세 가지 용어에 대해 알고 넘어가야 합니다. '적정 생육 온도'는 식물이 생장하기에 적절한 온도, 식물이 가장 잘 자랄 수 있는 온도를 말합니다. '최저 생육 온도'는 생장할 수 있는 최저 온도를 뜻합니다. 그 이하의 온도로 내려가면 성장을 멈추고 월동하거나 심하면 죽을 수 있습니다. '내한성'은 추위를 견디는 식물의 성질을 뜻합니다. 어떤 식물은 영하의 온도까지도 견딜 수 있어 노지 월동이 가능한 반면, 어떤 식물은 조금만 추운 환경에 노출돼도 잎이 손상되고 죽을 수 있습니다.

식물의 온도에 대한 정보를 자세히 알기 어렵다면 자생지의 기후를 확인해보세요. 그럼 그 식물에 알맞은 온도를 쉽게 유추할 수 있습니다. 재배해 판매하는 식물과 야생에서 자생하는 식물 간에 조금씩 차이가 있긴 하지만, 자생지와 비슷한 환경을 유지하는 것이 식물을 건강하게 관리할 수 있는 방법입니다. 물론 대부분의 실내 식물은 일반적인 실내 환경의 온도에서 가장 잘 자랍니다. 하지만 각 식물이 잘 자라는 온도를 유지하는 게 가장 좋은 방법이죠. 일정한 온도를 유지하기 어렵다면 각 식물의 최저 생육 온도와 내한성을 확인하고 그 이하의 온도로 떨어지지 않도록 관리하는 게 좋습니다.

흙이라고 다 같은 흙이 아닌 것을
겉흙과 속흙

식물을 관리하다 보면 '겉흙이 마를 때 물을 주면 된다' '속흙이 마를 때 물을 주면 된다'와 같이 '겉흙'과 '속흙'이라는 단어를 많이 접하게 될 겁니다. 하지만 초보 식물 집사에게 겉흙과 속흙을 구분하기란 쉽지 않을 수 있습니다.

화분의 크기, 형태 등에 따라 겉흙과 속흙의 범위가 조금씩 다를 수 있지만, 겉흙은 보통 흙 표면으로부터 10% 정도의 깊이를 뜻합니다. 흙 표면으로부터 10%보다 깊은 부분은 보통 속흙이라고 표현합니다. 대부분의 식물은 성장 시기인 봄에서 가을까지는 겉흙이 충분히 말랐을 때 물을 주는 것이 좋습니다. 반면 기온이 낮은 겨울철에 휴면기에 들어가 성장을 멈춘 식물, 잎이나 줄기에 수분을 저장하는 다육 식물 등의 경우 속흙까지 충분히 말랐을 때 물을 주는 것이 좋고요. 보통은 겉흙이 먼저 마르고 그다음 속흙이 천천히 마르기 시작합니다. 그래서 흙의 건조함에 강하고 과습에 약한 식물은 겉흙과 속흙을 모두 확인해 흙이 충분히 말랐을 때 물을 줘야 합니다. 겉흙과 속흙을 구분하고 그 차이를 안다면 식물을 보다 건강하게 관리할 수 있습니다.

Part 2.
식물 집사의
반려식물도감

초보 집사들의 인생 첫 만남

난이도 하 식물

LEVEL
下

식물 키우기가 처음인 초보 집사라면 관리에 어려움을 겪거나 흥미를 잃지 않도록 쉽게 잘 자라는 식물 키우기에 먼저 도전해보는 건 어떨까요? 이 장에서 소개하는 식물들은 실내 환경에 적응이 빠르고 바람과 빛이 다소 부족한 공간에서도 잘 자라는 식물입니다. 병해충에 대한 저항력이 강하며 대부분 흙의 건조함을 견디는 능력도 강하기 때문에 물 주는 시기를 놓쳐도 큰 문제가 생기지 않습니다. 식물을 처음 접하는 분들이나 식물 관리 경험이 부족한 분들에게 추천하는 식물들입니다.

찢어진 잎이 매력적인 개성 강한 식물

몬스테라

학명 : *Monstera* Spp.　│　자생지 : 멕시코, 남아메리카　│　종류 : 천남성과, 다년생 초본

LEVEL

몬스테라는 잎이 군데군데 갈라지거나 구멍이 난 강한 개성의 외모를 가진 식물입니다. 개성 있는 외모 덕에 카페나 실내 공간 인테리어에 자주 활용되며 소품, 액자, 그림 등의 소재로도 사랑받고 있습니다. 몬스테라는 덩굴성 관엽 식물로, 자생지에서는 6~8m 정도로 크게 자라고 다 자란 잎은 그 크기가 1m를 훌쩍 넘기기도 하는 대형 식물입니다. 성장 속도가 빠르고 척박한 환경에도 적응하는 강인한 생명력을 지녔습니다. 일반적인 실내 환경에서 관리하기가 무척 쉬워 초보자들이 기르기 좋은 식물입니다.

과습은 금물   반그늘에서도 잘 자람   18~27℃

물 주기

뿌리가 두껍고 줄기와 잎에 수분을 많이 저장하고 있어, 흙의 건조함을 견디는 능력이 뛰어납니다. 보통 겉흙이 완전히 말랐을 때 물을 줍니다. 기온이 낮은 겨울철에는 흙이 안쪽까지 충분히 마른 다음 물을 주는 것이 좋습니다.

햇빛

간접광이 들어오는 실내 밝은 곳에서 관리하는 것이 가장 좋습니다. 빛이 다소 부족한 공간에서도 문제없이 잘 자랍니다. 하지만 빛이 지나치게 부족한 경우, 성장이 느리거나 웃자랄 수 있습니다. 여름철 직사광선은 잎을 손상시킬 수 있으니 피해주세요.

온도

18~27℃ 범위 안에서 키워주세요. 더위에 강하지만 추위에는 약합니다. 8℃ 이하의 온도에서는 성장을 멈춰 저온 피해를 입을 수 있습니다. 추운 겨울철에는 반드시 따뜻한 실내에서 관리해야 합니다.

관리 TIP!

① 지주대

몬스테라는 덩굴 식물로, 주변의 구조물을 타고 올라가려는 성질이 있습니다. 지주대를 세우거나 줄기를 한데 묶어 고정시키는 방법으로 수형을 관리할 수 있습니다. 지나치게 뻗어나오거나 지저분한 잎자루는 과감하게 잘라주세요. 그러면 보다 깔끔하게 관리할 수 있습니다.

② 번식

줄기를 잘라 흙에 바로 심거나 물에 꽂아두면 쉽게 뿌리를 내립니다. 물에서 뿌리를 내린 경우, 흙에 옮겨 심거나 흙으로 옮기지 않고 그대로 수경 재배하는 것이 가능합니다. 줄기를 잘라낼 때 생장점*이나 공기뿌리를 포함해서 자른다면 번식 성공률이 더욱 높아집니다.

* 생장점: 식물의 줄기나 뿌리 끝에 자리해 생장을 활발히 하는 부분을 말합니다.

리피의 상담 일지
Before & After

| CASE 1 | **"새잎이 나다가 까맣게 타들어갔어요"** |

◇ 상담 분류 : 외상　◇ 상담 식물 : 몬스테라

no 1.
상담 내용

몬스테라를 키우고 있는 집사입니다.
새잎이 자라는 과정에서 일부가 까맣게 타들어가더니
결국 건강한 잎으로 자라지 못했어요.
크고 건강한 잎을 보려면 어떻게 해야 할까요?

몬스테라를 기르는 환경

1 해가 거의 들지 않는 장소에서 키우고 있어요.
2 물은 생각날 때마다 주고 있어요.
3 새순이 자라던 시기에 환경 변화는 없었어요.
4 초기에 새순이 올라오는 모습인 줄 모르고 손으로 만진
　경험이 있어요.

no 2.
리피의 처방전

환경 변화나 분갈이 경험이 없었다면,
외부 자극에 의한 잎 손상으로 보입니다.

새순은 아주 연약해요

새로 나오는 잎은 기존 잎처럼 단단한 표피 조직이
아직 발달되지 않아 매우 연한 상태랍니다.
그렇게 때문에, 외부 자극에 의한 손상에 취약해요.
몬스테라의 새순은 기존의 잎들과는 다르게

돌돌 말린 채 자라나다 보니, 뽀족한 새순을 손으로 만지거나
말려져 있는 잎을 펼쳐 보려는 집사들이 많아요.
여린 새순을 손으로 만지거나 힘을 줘 펼치면
쉽게 찢어지거나 상처가 생길 수 있고,
잎이 손상된 모습으로 발달되곤 한답니다.

손상된 잎은 다시 회복되지 않아요
잎에 생긴 갈색 반점, 찢어진 부분들은 다친 부위에 생긴
흉터처럼 남는답니다. 자연스럽게 재생되거나 회복되지 않아요.
그렇기 때문에 상한 잎은 잘라내고 다른 새잎을 기다려야 해요.
상한 잎을 잘라낼 때는 해당 잎자루에
새순이 올라오고 있지 않은지 확인 후 진행해주세요!
새순은 잎자루에 밀착돼 자라나니,
돌출된 부분의 위를 기준으로 잘라주세요.

**no 3.
더 알아보기**

새잎이 손상된 몬스테라, 이후 관리는 어떻게?
1 새잎이 형성되는 기간에는 외부 자극과 환경 변화 및
   스트레스를 최소화해주세요.
2 주변 습도를 높여 자생지와 비슷하게 조성해주세요.
3 흙마름은 자주 확인해 적절하게 말랐을 때 물 주기를
   충분히 해주세요.

평화와 풍요를 상징하는 식물

올리브나무

학명 : *Olea europaea* | 자생지 : 지중해 일대 | 종류 : 물푸레나무과, 상록 교목

LEVEL

올리브나무는 지중해를 대표하는 식물입니다. 평화와 풍요를 상징하며, 지중해 부근 나라들의 삶과 일상에 뿌리 깊이 자리하고 있죠. 올리브나무는 인류가 최초로 열매를 얻기 위해 대량 재배한 과수로도 알려져 있습니다. 올리브나무의 열매인 올리브는 효능을 인정받아 요리의 재료 외에도 화장품, 의약품 등 다양한 방면으로 활용합니다. 품종이 아주 다양하고 종류에 따라 열매의 모양과 크기, 나무의 특성이 조금씩 다릅니다.

흙의 건조함에 어느 정도 견뎌요   햇빛을 좋아해요   18~23℃

물 주기

흙의 건조함에 강합니다. 겉 흙이 완전히 말랐을 때 물을 줍니다. 기온이 낮은 겨울철에는 흙이 안쪽까지 충분히 마른 다음에 물을 주는 것이 좋습니다.

햇빛

햇빛을 좋아하는 양지 식물입니다. 빛을 충분히 받을 수 있는 창가나 베란다 공간에서 자랄 수 있게 하는 것이 좋으며, 가능하다면 야외 환경에서 관리하는 것이 가장 좋습니다.

온도

18~23℃에서 관리주세요. 추위에 강한 편으로, 품종에 따라 조금씩 다르지만 최대 영하 6℃까지 견딜 수 있습니다. 제주도나 일부 남부 지방의 따뜻한 기후에서는 노지 월동도 가능합니다.

관리 TIP!

① 잎의 형태 변형

올리브나무는 물이 부족하면 잎이 아래로 처지는 모습을 보입니다. 하지만 물을 충분히 주면 쉽게 회복할 수 있습니다. 만약 잎이 안쪽으로 동그랗게 말린 채 말랐다면, 물이 지나치게 부족한 상황입니다. 동그랗게 말라버린 잎은 회복이 어려우니 전부 제거하고 즉시 물을 충분히 주도록 합니다.

② 온난·다습한 환경

올리브나무는 지중해 일대와 비슷한 온난하고 다습한 환경에서 가장 잘 자랍니다. 항상 바람이 잘 통하고 햇빛이 잘 드는 곳에서 관리해주세요. 공중 습도는 높은 환경을 선호합니다.

③ 열매

최소 2년생 이상의 건강한 올리브나무에서만 꽃이 피고 열매가 열립니다. 품종에 따라 다르지만 꽃이 피더라도 대부분 자가 수정이 불가능하거나 어렵기 때문에, 열매를 원한다면 두 가지 이상의 품종을 함께 키우는 것이 좋습니다.

하트 모양의 큼직한 잎을 가진 식물

휘카스 움베르타

학명 : *Ficus umbellata* │ 자생지 : 열대 아프리카 │ 종류 : 뽕나무과, 상록 교목

LEVEL

🍃🍃🍃🍃🍃

휘카스 움베르타는 위에서 바라보면 하트 모양처럼 보이는 큼직한 잎을 가진 사랑스러운 식물입니다. 실내 환경에 대한 적응력이 뛰어나고 병해충에 대한 저항력도 강해 실내에서 관리하기 적합합니다. 튼튼한 목대와 큼직한 잎이 연출하는 조화로운 수형은 인테리어 식물로도 사랑받는 이유입니다. 벵갈고무나무, 인도고무나무와 같은 뽕나무과에 속하며 잎이나 줄기를 자르면 하얗고 불투명한 수액이 흘러나오는 고무나무의 특징을 가지고 있습니다.

흙의 건조함에 강해요　간접광이 제일 좋아요　21~25℃

물 주기
흙의 건조함에 강합니다. 보통 겉흙이 완전히 말랐을 때 물을 줍니다. 기온이 낮은 겨울철에는 흙 안쪽까지 충분히 마른 다음, 물을 주는 것이 좋습니다.

햇빛
간접광이 들어오는 실내 밝은 곳에서 관리하는 것이 가장 좋습니다. 빛이 부족한 경우, 성장이 느리거나 잎이 지나치게 큰 크기로 자랄 수 있습니다. 여름철 직사광선은 잎을 손상시킬 수 있으니 피해주세요.

온도
21~25℃에서 키워주세요. 겨울에도 최소 10℃ 이상 유지할 수 있는 따뜻한 환경에서 관리해주세요. 10℃ 미만의 온도에서는 잎이 떨어지는 현상이 나타날 수 있습니다. 찬 바람을 직접 맞으면 저온 피해를 일으킬 수 있으니 삼가주세요.

관리 TIP!

① 잎 관리
휘카스 움베르타는 잎이 크고 넓어 먼지가 쌓이기 쉽습니다. 잎의 호흡과 광합성에 방해가 될 수 있으므로, 먼지가 쌓인 잎은 닦아주거나 분무를 통해 씻어내는 게 좋습니다.

② 흰색 수액
잎이나 줄기를 자를 때 흘러나오는 흰색의 불투명한 수액은 눈이나 상처 같은 연약한 피부에 닿거나 먹지 않도록 주의합니다. 알레르기를 유발할 수 있습니다.

빛의 양에 따라 무늬가 생기는 식물

벵갈고무나무

학명 : *Ficus benghalensis* │ 자생지 : 인도, 파키스탄 │ 종류 : 뽕나무과, 상록 교목

LEVEL

벵갈고무나무는 뽕나무과에 속하는 식물입니다. 잎이 비교적 작고 풍성하며 관리가 쉬워 오래전부터 실내 식물로 사랑받았습니다. 벵갈고무나무의 잎은 받은 빛의 양에 따라 색이 조금씩 달라집니다. 빛이 풍부한 환경에서는 잎 가장자리에 노란색 무늬가 선명하게 형성되고, 빛이 적은 환경에서 자랄수록 무늬가 옅어져 잎 색이 전체적으로 초록색으로 변합니다.

흙의 건조함에 강해요   햇빛을 좋아해요   20~25℃

물 주기
흙의 건조함에 강합니다. 보통 겉흙이 완전히 말랐을 때 물을 줍니다. 기온이 낮은 겨울철에는 흙이 안쪽까지 충분히 마른 다음, 물을 주는 것이 좋습니다.

햇빛
햇빛을 좋아하는 식물이므로, 빛이 충분히 들어오는 공간에서 관리해주는 것이 좋습니다. 빛이 다소 부족한 환경에서도 문제없이 자라지만, 빛이 지나치게 부족한 환경에서는 잎의 무늬가 옅어지고 잎이 지나치게 크게 자랄 수 있습니다.

온도
20~25℃에서 키워주세요. 겨울에도 최소 10℃ 이상 유지할 수 있는 따뜻한 환경에서 관리해주세요. 10℃ 미만의 온도에서는 잎이 떨어지는 현상이 나타날 수 있습니다.

관리 TIP!

① 잎 관리
과습이나 지나친 물 부족으로 건강에 문제가 생기거나 찬바람을 맞아 저온 피해를 입은 경우, 잎이 갑자기 우수수 떨어질 수 있습니다. 따뜻한 계절이라면 햇빛을 직접 받을 수 있는 야외 환경에서 관리하는 것이 좋습니다. 회복력이 뛰어난 벵갈고무나무는 금방 새잎을 만들어낼 수 있답니다.

② 흰색 수액
잎이나 줄기를 자르면 흘러나오는 흰색의 불투명한 수액은 눈이나 상처 같은 연약한 피부에 닿거나 먹지 않도록 주의합니다. 알레르기를 유발할 수 있습니다.

1등 공기 정화 식물

아레카야자

학명 : *Chrysalidocarpus lutescens* ｜ 자생지 : 마다가스카르 ｜ 종류 : 야자과, 다년생 초본

LEVEL

아레카야자는 풍성한 잎이 마치 정글을 연상시키는 식물입니다. 성장하면서 중심 줄기
가 노랗게 변하는 특성이 있어 '황야자'라고도 부릅니다. 중심 줄기에는 검은색 점과 비
슷한 무늬가 생기는데, 이 또한 아레카야자의 특징입니다. 1.8m 크기의 아레카야자가
하루 동안 방출하는 수분은 약 1ℓ로, 증산 작용이 활발해 가습 효과가 우수하다고 알려
져 있습니다. 공기 중 유해 물질을 빨아들이고 제거하는 능력도 뛰어나 공기 정화 식물
로 사랑받고 있습니다. 비교적 성장이 빠른 편이며 실내 환경에 대한 적응력이 높아 관
리가 쉬운 식물입니다.

공중 습도는 높게

간접광이 제일 좋아요

18~24℃

물 주기

보통 겉흙이 완전히 말랐을 때 물을 줍니다. 기온이 낮은 겨울철에는 흙이 안쪽까지 충분히 마른 다음 물을 주는 것이 좋습니다. 공중 습도가 높은 환경을 선호합니다. 주기적으로 잎과 주변 환경에 물을 분무해 습도를 조절해주는 것이 좋습니다.

햇빛

간접광이 들어오는 실내 밝은 곳에서 관리하는 것이 가장 좋습니다. 여름철 직사광선은 잎을 손상시킬 수 있으니 피해주세요.

온도

18~24℃에서 관리해주세요. 추위에 무척 약한 식물입니다. 기온이 낮은 환경이나 찬바람이 들어오는 장소는 피해주세요.

관리 TIP!

① 잎 관리

아레카야자는 잎이 길면서도 많고 뾰족하며 수분 증발이 활발히 일어나는 식물입니다. 그래서 잎끝이 조금씩 마르는 현상이 자연스럽게 발생합니다. 잎의 마른 부분이 미관상 보기 좋지 않다면 잘라내도 괜찮습니다. 절반 이상 색이 변하고 말라버린 잎은 제거하는 것이 좋습니다.

② 염분 축적

아레카야자는 일부 줄기에만 염분을 축적하는 독특한 성질을 가지고 있습니다. 축적된 염분이 포화 상태에 이르면 해당 줄기는 마르게 되는데, 마른 줄기는 빠르게 잘라 제거하는 것이 좋습니다.

오이를 닮은 원통형 잎

스투키

학명 : *Dracaena(Sansevieria) stuckyi* | 자생지 : 아프리카 | 종류 : 비짜루과, 다육 식물

LEVEL

스투키는 오이처럼 굵고 통통한 원통형의 잎을 가진 식물입니다. 또한 수분이 적고 건조한 날씨의 지역에서 살아남기 위해 줄기나 잎에 많은 양의 수분을 저장하고 있는 다육 식물입니다. 대부분의 실내 환경에서 문제없이 잘 자라기 때문에 오래전부터 실내 식물로 사랑받고 있습니다. 식물을 처음 접하는 이들에게 가장 먼저 추천할 수 있는 식물입니다.

흙의 건조함에 강해요

 반그늘에서도 잘 자람

 18~27℃

물 주기
건조한 환경에 무척 강합니다. 보통 흙이 안쪽까지 충분히 말랐을 때 물을 줍니다. 기온이 낮은 겨울철에는 물주는 주기를 평소보다 더 길게 합니다.

햇빛
간접광이 들어오는 실내 밝은 곳에서 관리하는 것이 가장 좋습니다. 빛이 다소 부족한 곳에서도 문제없이 잘 자랍니다.

온도
18~27℃에서 관리해주세요. 추위에 무척 약한 식물입니다. 추운 환경이나 찬바람이 들어오는 장소는 피해주세요. 특히 겨울철 창가 공간은 피하는 게 좋습니다.

관리 TIP!

① 생장점 관리

스투키가 너무 길게 위로만 자란다면 잎끝에 뾰족하게 튀어나온 생장점을 제거하는 것이 좋습니다. 생장점을 제거하면 잎을 굵게 만들거나 새순을 만드는 데 양분을 사용해 더 이상 위로 자라지 않습니다.

② 번식

자른 줄기를 흙에 바로 심거나 물에 꽂아 뿌리를 내린 뒤 흙에 옮겨 심는 방법으로 쉽게 번식할 수 있습니다.

돈을 불러오는 식물

금전수

학명 : *Zamioculcas zamiifoliaa* | 자생지 : 아프리카 | 종류 : 천남성과, 다육 식물

LEVEL

금전수는 생김새가 동전을 줄줄이 엮은 모양이라 해 붙여진 이름으로, 중국에서 유래했습니다. 이름 때문에 '돈을 가져다 준다'는 의미를 가져 개업이나 집들이 등의 축하 선물로 인기 높은 식물입니다. 땅속으로 기어서 뻗어가는 땅속줄기와 감자 같은 모양으로 발달한 알뿌리에 수분을 저장하기 때문에 강인한 생명력을 가졌습니다. 관리가 무척 쉬워 초보자들이 기르거나 선물하기에 적합합니다.

과습은 금물   직사광선은 피해요   18~24℃

물 주기
건조한 환경에 무척 강합니다. 알뿌리에 수분을 저장하고 있기 때문에, 물을 너무 자주 주지 않도록 하며 과습에 주의합니다. 흙이 안쪽까지 충분히 말랐을 때 물을 주며, 겨울철에는 평소보다 물 주는 주기를 길게 합니다.

햇빛
어떤 환경에서도 잘 자라지만, 간접광이 들어오는 실내 밝은 곳에서 관리하는 것이 가장 좋습니다. 여름철 직사광선은 잎을 손상시킬 수 있으니 피해주세요.

온도
18~24℃에서 관리해주세요. 추위에 약하기 때문에 겨울철에는 따뜻한 실내에서 관리해야 합니다. 온도가 10℃ 미만으로 내려가는 경우, 잎이 말라 떨어지는 원인이 될 수 있습니다.

관리 TIP!

① 번식
금전수는 자른 줄기를 흙에 바로 심거나 물에 꽂아 뿌리를 내린 뒤 흙에 옮겨 심는 방법으로 쉽게 번식할 수 있습니다.

② 온도
주변 온도가 급격히 변화할 경우, 잎이 노랗게 변하거나 검은 반점이 생길 수 있습니다. 갑작스러운 온도 변화에 주의해주세요.

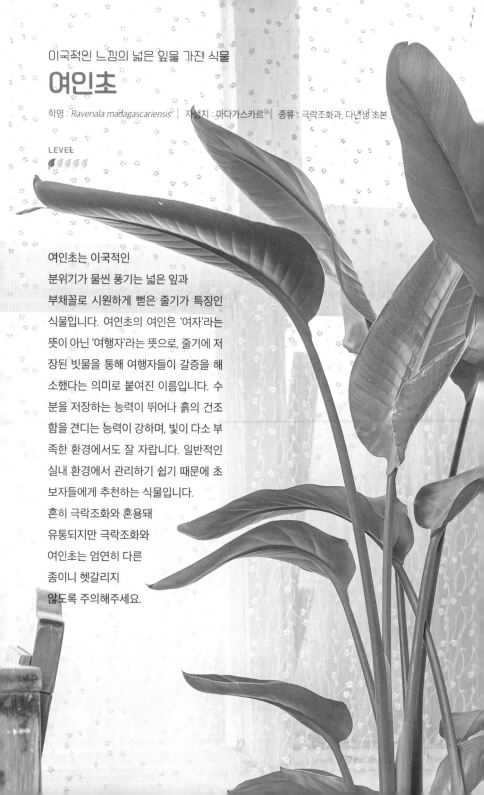

이국적인 느낌의 넓은 잎을 가진 식물

여인초

학명 : *Ravenala madagascariensis* │ 자생지 : 마다가스카르 │ 종류 : 극락조화과, 다년생 초본

LEVEL

여인초는 이국적인
분위기가 물씬 풍기는 넓은 잎과
부채꼴로 시원하게 뻗은 줄기가 특징인
식물입니다. 여인초의 여인은 '여자'라는
뜻이 아닌 '여행자'라는 뜻으로, 줄기에 저
장된 빗물을 통해 여행자들이 갈증을 해
소했다는 의미로 붙여진 이름입니다. 수
분을 저장하는 능력이 뛰어나 흙의 건조
함을 견디는 능력이 강하며, 빛이 다소 부
족한 환경에서도 잘 자랍니다. 일반적인
실내 환경에서 관리하기 쉽기 때문에 초
보자들에게 추천하는 식물입니다.
흔히 극락조화와 혼용돼
유통되지만 극락조화와
여인초는 엄연히 다른
종이니 헷갈리지
않도록 주의해주세요.

흙의 건조함에 강해요

간접광이 제일 좋아요

18~25℃

물 주기
흙의 건조함에 강합니다. 보통 겉흙이 완전히 말랐을 때 물을 줍니다. 기온이 낮은 겨울철에는 흙이 안쪽까지 충분히 마른 다음에 물을 주는 것이 좋습니다.

햇빛
간접광이 들어오는 실내 밝은 곳에서 관리하는 것이 가장 좋습니다. 빛이 다소 부족한 공간에서도 문제없이 잘 자랍니다. 여름철 직사광선은 잎을 손상시킬 수 있으니 피해주세요.

온도
18~25℃에서 키워주세요. 추위에 약한 식물입니다. 겨울에도 최소 8℃ 이상으로 유지할 수 있는 따뜻한 공간에서 관리하는 것이 좋습니다.

관리 TIP!

① 줄기 관리
여인초는 빛이 지나치게 부족한 공간에서 관리할 경우, 성장하면서 잎의 무게를 견디지 못하고 줄기가 꺾이는 현상이 발생할 수 있습니다. 줄기가 지나치게 길게 자랐거나 꺾였다면 지주대를 세워 고정하거나 잘라내는 것이 좋습니다.

② 잎 관리
잎이 크고 넓은 여인초는 작은 충격이나 바람에도 잎이 찢어지기 쉽습니다. 잎이 찢어져도 건강에 문제가 생기는 것은 아니니 걱정 마세요. 다만, 미관상 보기 좋지 않다면 찢어진 부분을 잘라내 모양을 잡아주는 것도 좋습니다.

③ 잎 색상 변형
여인초의 새로운 잎은 안쪽에서 계속 돋아납니다. 다른 잎은 문제가 없지만, 중심에서 가장 바깥쪽 잎만 노랗게 변했다면 오래된 잎이 지는 자연스러운 현상일 확률이 높습니다. 노랗게 변한 잎만 잘라주세요.

CASE 2	"줄기가 잎 무게를 견디지 못하고 꺾여버렸어요"

◈ 상담 분류 : 외상 ◈ 상담 식물 : 여인초

**no 1.
상담 내용**

여인초를 기르고 있는 식물 집사입니다.
여인초의 잎이 너무 크게 자라 줄기가
무게를 못 견디고 계속 처집니다.
줄기와 줄기 사이를 묶어 처지는 현상을 방지해보려 했지만,
며칠 버티더니 힘없이 다시 쓰러졌어요.

여인초를 기르는 환경
① 빛이 조금 약하게 들어오는 환경이에요.
② 줄기가 길게 웃자란 상태이지만, 지주대를 해주지 않았어요.

**no 2.
리피의 처방전**

여인초는 잎이 크고 넓어 줄기가 잎의 무게를
견디지 못하고 꺾이거나 외부 충격으로
줄기가 꺾이는 일이 종종 발생합니다.
줄기가 꺾였을 때 대처할 수 있는 방법을 안내드릴게요.

줄기가 꺾인 지 오래되지 않았을 때 대처법
① 줄기가 꺾이고 얼마 지나지 않아 도관이 마르지 않은
경우에만 대처가 가능해요.
② 사람의 골절을 치료하는 방법과 동일하게 단단한
나무 막대기로 부러진 잎자루를 묶어 꺾인 부분을

곧게 세워 고정해줍니다.

③ 꺾인 부위 위쪽의 잎이 마르지 않는다면,
적절하게 조치가 완료된 것으로 생각해주세요.

줄기가 꺾인 지 오래됐다면

① 꺾인 부위의 단면이 시간이 오래돼 이미 말라버렸다면,
부목을 대줘도 정상적으로 수분이나 양분을 전달할 수 없게
된답니다.

② 꺾인 잎자루를 알코올이나 불로 소독된 가위, 칼을 이용해
짧게 잘라주세요.

no 3.
더 알아보기

줄기 꺾임 예방하기

줄기 꺾임은 미리 예방하는 것이 가장 중요합니다.

① 빛이 부족하지 않은 환경에서 키워
잎자루가 웃자라지 않도록 키워주세요.

② 식물이 한쪽으로 기울어지기 시작하면
미리 지주대로 고정해주세요.

우산과 닮은 귀여운 식물

홍콩야자

학명 : *Schefflera arboricola* | 자생지 : 중국 남부, 대만 | 종류 : 두릅나무과, 상록 관목

LEVEL

홍콩야자는 앙증맞은 잎이 마치 우산처럼 군데군데 모여 돋아난 식물입니다. 홍콩에서
쉽게 볼 수 있어 홍콩야자라고 부르지만, 사실 야자나무과 식물이 아닌 두릅나무과에 속
하는 관엽 식물입니다. 중심 줄기에서 뻗어나온 줄기와 잎이 마치 우산 같아서 외국에
서는 '난쟁이 우산 나무(Dwarf Umbrella Tree)'로 불립니다. 홍콩야자는 성장 속도가 빠르
고 수경 재배가 가능합니다. 또한 번식 방법이 쉽고 성공률이 높아 기르는 재미가 있는
식물입니다.

흙의 건조함에 강해요

 간접광이 제일 좋아요

20~25℃

물 주기
흙의 건조함에 강합니다. 보통 겉흙이 보슬보슬하게 말랐을 때 물을 줍니다. 기온이 낮은 겨울에는 흙이 안쪽까지 충분히 말랐을 때 물을 줍니다. 물이 부족하면 잎이 살짝 아래로 처집니다. 잎과 흙의 상태를 모두 확인하고 물을 주는 것이 좋습니다.

햇빛
어떤 환경에서도 잘 자라지만, 간접광이 들어오는 실내 밝은 곳에서 관리하는 것이 가장 좋습니다. 여름철 직사광선은 잎을 손상시킬 수 있으니 피해주세요.

온도
20~25℃에서 키워주세요. 따뜻한 환경을 좋아하는 식물입니다. 겨울철에도 최저 10℃ 이상을 유지할 수 있는 곳에서 관리해주세요.

관리 TIP!

① 번식
자른 줄기를 흙에 바로 심거나 물에 꽂아 뿌리를 내린 뒤 흙에 옮겨 심는 방법으로 쉽게 번식할 수 있습니다. 흙으로 옮기지 않고 그대로 수경 재배하는 것도 가능합니다.

② 웃자람
지나치게 빛이 부족한 환경에서는 줄기가 힘없이 길게만 자라는 웃자람이 발생할 수 있습니다. 웃자람을 방지하기 위해서는 주기적으로 충분한 햇빛을 받게 해주는 것이 좋습니다. 웃자람으로 인해 모양이 좋지 않은 줄기와 잎은 과감히 자르세요. 금방 새잎이 돋아납니다.

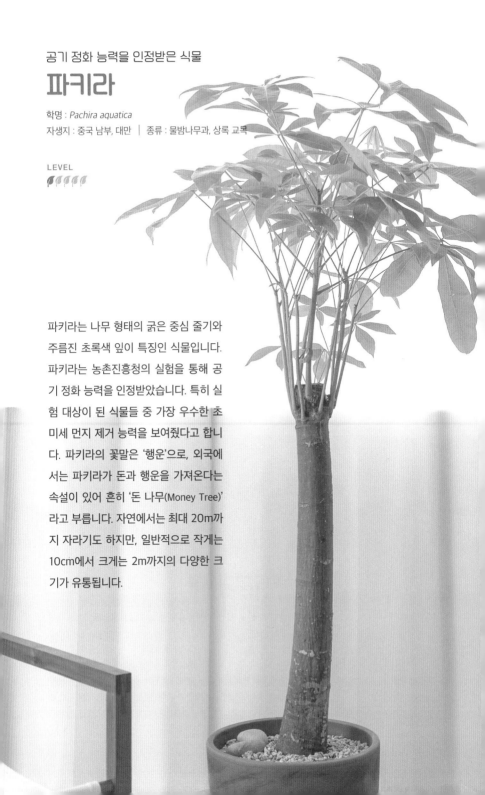

공기 정화 능력을 인정받은 식물

파키라

학명 : *Pachira aquatica*

자생지 : 중국 남부, 대만 │ 종류 : 물밤나무과, 상록 교목

LEVEL

파키라는 나무 형태의 굵은 중심 줄기와 주름진 초록색 잎이 특징인 식물입니다. 파키라는 농촌진흥청의 실험을 통해 공기 정화 능력을 인정받았습니다. 특히 실험 대상이 된 식물들 중 가장 우수한 초미세 먼지 제거 능력을 보여줬다고 합니다. 파키라의 꽃말은 '행운'으로, 외국에서는 파키라가 돈과 행운을 가져온다는 속설이 있어 흔히 '돈 나무(Money Tree)'라고 부릅니다. 자연에서는 최대 20m까지 자라기도 하지만, 일반적으로 작게는 10cm에서 크게는 2m까지의 다양한 크기가 유통됩니다.

과습은 금물

간접광이 제일 좋아요

20~30℃

물 주기

중심 줄기에 물을 저장하고 있기 때문에, 건조한 환경에 강하고 과습에 약합니다. 보통 겉흙이 완전히 말랐을 때 물을 줍니다. 기온이 낮은 겨울에는 흙이 안쪽까지 충분히 말랐을 때 물을 줍니다.

햇빛

어떤 환경에서도 잘 자라지만, 간접광이 들어오는 실내 밝은 곳에서 관리하는 것이 가장 좋습니다. 여름철 직사광선은 잎을 손상시킬 수 있으니 피해주세요.

온도

20~30℃에서 관리해주세요. 추위에 약하기 때문에 겨울철에는 반드시 따뜻한 실내에서 관리해야 합니다. 온도가 5℃ 미만으로 내려가는 경우, 잎이 말라 떨어지거나 노랗게 변하는 원인이 될 수 있습니다.

관리 TIP!

① **물꽂이**
파키라는 중심 목대에서 자란 곁가지를 잘라 물꽂이할 수 있습니다. 자른 줄기에서 잎은 한두 장 남기고 정리한 뒤 물에 꽂아 관리해주세요.

② **과습**
파키라는 굵은 줄기에 물을 저장하고 있기 때문에 과습에 취약합니다. 과습인 경우, 중심 줄기가 무르거나 썩게 됩니다. 배수가 잘 되는 흙을 사용해 물이 잘 빠지도록 하고 바람이 잘 통하는 곳에서 관리합니다.

두툼한 잎과 싱그러운 초록빛

클루시아

학명 : *Clusia rosea* | 자생지 : 남아메리카 | 종류 : 클루시아과, 상록 관목

LEVEL

클루시아는 풍성한 연두빛 잎이 싱그러운 느낌을 주는 식물로, 잎에 윤기가 있고 매끄러운 것이 특징입니다. 글자를 새길 수 있을 정도로 잎이 질기고 튼튼해 영어로는 '사인 나무(Autograph Tree)'라고 부릅니다. 흙의 건조함에 강하고 병충해에 대한 저항력도 뛰어나서 별다른 관리를 하지 않아도 잘 성장하는 식물입니다. 실내에서 쉽게 관리하며 오랜 기간 함께할 수 있기 때문에, 식물을 처음 들이는 초보자분들에게 적극 추천합니다.

과습은 금물　　　　 간접광이 제일 좋아요　　　　 16~29℃

물 주기

건조한 환경에 강합니다. 통통한 잎에 수분을 저장하고 있기 때문에 물을 너무 자주 주지 않도록 하며 과습에 주의합니다. 흙이 안쪽까지 충분히 말랐을 때 물을 주며, 겨울철에는 평소보다 물 주는 주기를 길게 합니다.

햇빛

어떤 환경에서도 잘 자라지만 간접광이 들어오는 실내 밝은 곳에서 관리하는 것이 가장 좋습니다. 여름철 직사광선은 잎을 노랗게 만들 수 있으니 피해주세요.

온도

16~29℃에서 관리해주세요. 추위에 약하기 때문에 겨울철에는 반드시 따뜻한 실내에서 관리해야 합니다. 온도가 10℃ 미만으로 내려가는 경우, 잎이 말라 떨어지거나 노랗게 변하는 원인이 될 수 있습니다.

관리 TIP!

① 잎 관리　　클루시아의 잎은 먼지나 물 자국이 생기기 쉽습니다. 주기적으로 잎을 닦아주거나 분무를 통해 잎에 쌓인 먼지를 씻어주면 좋습니다.

② 가지치기　　줄기가 늘어지거나 너무 지저분하게 성장한다면 과감하게 가지치기를 하는 것이 좋습니다. 지나치게 옆으로 퍼진 줄기와 상한 잎을 적절하게 잘라주면 조금 더 단정한 수형으로 관리할 수 있습니다.

향긋한 향기와 오렌지를 닮은 작은 열매

오렌지 재스민

학명 : *Murraya paniculata* | 자생지 : 중국 남부 및 동남아시아 | 종류 : 운향과, 상록 관목

LEVEL

꽃의 향이 재스민 향기와 닮았고 열매의 모양은 오렌지와 닮았다 해 '오렌지 재스민(Or-ange Jessamine)'이라 불립니다. 하지만 재스민과는 엄연히 다른 종류의 식물입니다. 흰색 꽃이 피면 실내 공간을 가득 채울 정도로 향기가 진합니다. 꽃향기가 7리까지 퍼진다고 해 칠리향이라 불리기도 합니다. 꽃이 지면 겉모습이 오렌지를 닮은 작은 열매가 열리는데, 열매는 점차 붉은색으로 익어가며 열매 안에 있는 씨앗으로 번식할 수 있습니다. 꽃이 피고 열매가 맺히면서 관리도 쉬워 많은 사랑을 받고 있는 식물입니다.

겉흙이 말랐을 때

햇빛을 좋아해요

15~28℃

물 주기
보통 겉흙이 완전히 말랐을 때 물을 줍니다. 기온이 낮은 겨울철에는 흙이 안쪽까지 충분히 마른 다음에 물을 주는 것이 좋습니다. 꽃을 피우는 시기에는 흙이 바싹 마르지 않도록 물 주기에 신경 써주세요.

햇빛
빛을 좋아하는 양지 식물입니다. 항상 빛이 잘 드는 공간에서 관리하는 것이 좋습니다. 빛이 다소 부족한 환경에서도 무리 없이 자라지만, 빛이 지나치게 부족하면 잎의 색이 연해지고 윤기가 사라지며 꽃이 피지 않을 수 있습니다.

온도
15~28℃에서 관리해주세요. 추위에 약한 편은 아니지만, 겨울철에도 최소 5℃ 이상 유지할 수 있는 곳에서 관리하는 것이 좋습니다.

관리 TIP!

① 수형 관리
오렌지 재스민은 가지가 산발적으로 자라며 옆으로 뻗어가는 성질이 강합니다. 지주대를 세워 중심을 잡아 고정시키거나 줄기를 한데 묶어 수형을 잡아주는 것이 좋습니다. 지나치게 옆으로 뻗어나온 가지는 과감하게 잘라내도 좋습니다.

② 병충해 관리
잎이 많은 식물이기 때문에 주변 공기가 지나치게 건조하거나 바람이 잘 통하지 않으면 해충이 생길 수 있습니다. 주기적인 물 분무와 환기를 통해 습도를 충분히 유지하는 것이 좋습니다.

찢어진 잎이 매력적인 개성 강한 식물

멕시코소철

학명 : *Zamia pumila* | 자생지 : 멕시코 | 종류 : 자메이카소철과, 다년생 초본

LEVEL

아래쪽의 굵고 거친 느낌의 구근에서 천사의 날개를 닮은 부드러운 느낌의 잎이 돋아나는 독특한 식물입니다. 줄기와 잎에는 갈색의 미세한 털이 돋아있습니다. 이 털은 고온 건조한 환경에서 자생하는 멕시코소철의 수분 증발을 방지하고, 병원균으로부터 스스로를 보호하는 역할을 합니다. 구근에 물을 저장하는 특징을 가지고 있어 건조한 환경에 강합니다. 농촌진흥청의 실험을 통해 공기 정화 능력을 인정받은 식물입니다.

과습은 금물

햇빛을 좋아해요

21~25℃

물 주기
보통 겉흙이 완전히 말랐을 때 물을 줍니다. 기온이 낮은 겨울철에는 흙이 안쪽까지 충분히 마른 다음 물을 주는 것이 좋습니다.

햇빛
빛을 좋아하는 반양지 식물로, 빛이 잘 드는 공간에서 관리하는 것이 좋습니다. 빛이 지나치게 부족하면 웃자람이 발생할 수 있습니다.

온도
21~25℃에서 키워주세요. 추위에 약한 식물입니다. 겨울철에도 최소 10℃ 이상 유지할 수 있는 공간에서 관리하는 것이 좋습니다.

관리 TIP!

① 과습
두꺼운 구근에 수분을 저장하고 있기 때문에, 흙이 충분히 마른 뒤 물을 주는 것이 좋습니다. 과습으로 인해 구근이 썩지 않도록 물 빠짐이 원활한 흙을 사용해 관리합니다. 물을 준 뒤 화분 받침에 고인 물은 바로 버리는 것이 좋습니다.

② 병충해 관리
주변 공기가 지나치게 건조하거나 바람이 잘 통하지 않으면 해충이 생길 수 있습니다. 주기적인 분무와 환기를 통해 습도를 충분하게 유지하는 것이 좋습니다.

몬스테라와 닮은 꼴

셀로움

학명 : *Thaumatophyllum bipinnatifidum* │ 자생지 : 남아메리카 │ 종류 : 천남성과, 다년생 초본

LEVEL

몬스테라처럼 독특하게 갈라진 잎이 특징인 식물입니다. 몬스테라는 전체적으로 둥근 느낌을 주는 반면, 셀로움은 삼각형 형태로 형성된 잎이 뾰족한 느낌과 안정적인 조형미를 줍니다. 셀렘이라고 불리기도 하는데, 이 이름은 형태학적으로 식물을 분류하던 시절에 붙여진 학명인 'Philodendron selloum'에서 따왔습니다. 하지만 최근 DNA 검사를 통해 밝혀진 더 정확한 분류를 통해 'Thaumatophyllum bipinnatifidum'라는 새로운 학명을 얻게 됐어요. 브라질, 파라과이 등 남아메리카 열대 기후에서 자생하며 따뜻한 환경을 좋아합니다. 몬스테라와 같은 천남성과의 식물로, 관리법이 비슷하고 관리도 무척 쉬운 식물 중 하나입니다.

흙의 건조함에 강해요

 간접광이 제일 좋아요

20~27℃

물 주기
뿌리가 두껍고 줄기와 잎에 수분을 많이 저장하고 있어 흙의 건조함에 강합니다. 보통 겉흙이 완전히 말랐을 때 물을 줍니다. 기온이 낮은 겨울철에는 흙이 안쪽까지 충분히 마른 다음에 물을 주는 것이 좋습니다.

햇빛
간접광이 들어오는 실내 밝은 곳에서 관리하는 것이 가장 좋습니다. 빛이 다소 부족한 공간에서도 문제없이 잘 자랍니다. 하지만 빛이 지나치게 부족하면 성장이 느리거나 웃자람이 발생할 수 있습니다. 여름철 직사광선은 잎을 손상시킬 수 있으니 피해주세요.

온도
20~27℃에서 관리해주세요. 더위에는 강하지만 추위에는 약합니다. 겨울철에도 10℃ 이상의 온도를 유지할 수 있는 곳에서 관리하는 것이 좋습니다.

관리 TIP!

① 천남성과 식물
천남성과 식물은 잎과 줄기에 약한 독성이 있습니다. 반려동물이나 어린아이가 섭취하지 않도록 주의해주세요.

② 건강 상태
잎이 끝에서부터 검게 변하며 타들어가거나, 잎 군데군데 검은색 또는 갈색 반점이 생기고 반점이 점점 넓어진다면 과습을 의심해야 합니다. 토양 과습인 경우, 물 주기를 멈추고 통풍이 잘 되는 따뜻한 곳에서 흙이 빨리 마를 수 있도록 합니다.

붉게 물드는 잎과 열매

남천

학명 : *Nandina domestica* │ 자생지 : 동아시아
종류 : 매자나무과, 낙엽 관목

LEVEL
🌿🌿🌿🌿🌿

남천은 붉게 물드는 잎과 열매가 특징인
식물입니다. 일교차가 큰 가을이 되면 잎
에 붉은빛으로 단풍이 듭니다. 노지 월동
이 가능할 정도로 추위에 강해 실외 조경
수나 울타리 형성에 많이 사용합니다. 겨
울에는 월동을 하면서 잎이 전부 떨어지
기도 하지만, 봄이 오고 날씨가 따뜻해지
면 금방 새잎을 돋아내 풍성히 변합니다.
또 여름에는 흰색 꽃이 피고 꽃이 지면 열
매가 맺히며 가을에는 단풍이 들고 열매
가 빨갛게 익습니다. 이처럼 계절에 따라
변하는 모습을 볼 수 있어 기르는 재미가
있는 식물입니다.

걷흙이 말랐을 때　　햇빛을 좋아해요　　16~25℃

물 주기
속흙까지 바싹 마르기 전에 물을 주세요. 토양 가뭄을 경험하면, 잎을 우수수 떨어트릴 수 있습니다. 겨울(저온)에는 흙이 안쪽까지 충분히 말랐을 때 물을 줍니다.

햇빛
햇빛을 좋아하는 양지 식물입니다. 실내라면 빛을 충분히 받을 수 있는 창가나 베란다가 좋고, 가능하다면 야외 환경에서 관리하는 것이 좋습니다. 빛이 부족한 공간에서는 잎을 다소 떨어트릴 수 있습니다.

온도
16~25℃ 사이에서 관리해주세요. 최저 영하 5℃까지도 버틸 수 있지만, 나무가 자라온 환경에 따라 온도는 조금씩 달라질 수 있습니다. 남부 지방과 중부 지방에서는 노지 월동도 가능합니다.

* 낙엽성 식물들은 겨울눈을 만들어 겨울을 나는 특징이 있습니다. 되도록이면 식물을 실외에서 키워 자연스럽게 저온에 노출되도록 해주세요. 가을철에는 붉게 물든 단풍이 들고, 겨울에는 잎을 모두 떨어트린 뒤 겨울눈을 형성한답니다. 봄철에 겨울눈에서 새로운 잎과 가지를 내면서 꽃과 열매를 더욱 건강히 맺을 수 있어요. 단, 갑작스러운 환경 변화보다는 점차적으로 옮겨 피해를 최소화해주세요.

관리 TIP!

① **통풍**　잎이 많은 식물이기 때문에 바람이 잘 통하는 곳에서 관리하는 것이 좋습니다. 바람이 잘 통하지 않을 경우, 안쪽 잎부터 노랗게 변하며 떨어질 수 있습니다.

② **낙엽 현상**　갑자기 잎이 우수수 떨어진다면 최근 급격한 환경 변화를 겪었거나 지나친 빛 부족, 흙의 건조, 과습 등 여러 가지 원인을 생각할 수 있습니다. 남천을 관리하는 환경과 흙 상태를 함께 확인하고 조치하도록 합니다.

CASE 3	"화분에 곰팡이가 생겼어요"

◇ 상담 분류 : 병충해   ◇ 상담 식물 : 남천, 여인초

**no 1.
상담 내용**

며칠 전, 홈쇼핑으로 화분을 구매했어요.
처음엔 몰랐는데 식물을 들인 지 한 나흘 정도 지나서 보니
흙 위에 하얀 솜털 같이 생긴 게 갑자기 눈에 띄더라고요.
앞서 기르던 다른 화분에도 원래 없던 작고 흰 덩어리들이 생겼어요.
찾아보니 곰팡이라 분갈이를 해야 한다는데,
구매한 지 얼마 되지 않아 분갈이는 어려울 것 같습니다.
만약 곰팡이가 맞다면 어떻게 해결하면 좋을까요?
약으로 해결해야 할까요?

식물을 기르는 환경
1 새로운 식물을 들인 지 얼마 안 됐어요.
2 통풍이 원활하지 않은 곳에서 키우고 있어요.
3 낙엽이 화분 위에 그대로 올려져있어요.

**no 2.
리피의 처방전**

화분 표면에 하얀 솜털 같은 곰팡이가 생겼군요.
분갈이를 해도 곰팡이가 완전히 제거된다고 말할 순 없어요.
가장 중요한 것은 곰팡이가 좋아하는 환경을 개선하는 것이랍니다.
이후 적절한 약품을 사용해 곰팡이를 제거하세요.
상담자의 경우, 말라서 떨어진 낙엽을 치우지 않고

통풍이 원활하지 않은 곳에서 키우면서 곰팡이가
발생한 것 같습니다.

곰팡이가 좋아하는 환경
1 습하고 따뜻한 곳
2 통풍이 원활하지 않아 공기가 멈춰있는 곳
3 비료 성분이 많은 토양

화분 흙 표면에 생긴 곰팡이 제거
1 곰팡이가 생긴 흙은 가급적 곰팡이가 보이지 않을 때까지
전부 걷어내주세요.
2 과산화수소수를 정도에 따라 1(과산화수소수):10~20(물)의
비율로 물에 희석해 흙 표면에 분무하세요.
3 경과를 지켜보며 7일 간격으로 희석액을 뿌려주세요.

no 3.
더 알아보기

곰팡이, 미리 예방할 수 있어요
1 마른 잎은 화분 위에 올려 두지 않고 바로 제거해주세요.
2 통풍이 원활한 환경에서 키워주세요.

* 겨울철과 같은 추운 날에는 서큘레이터를 활용해주세요.

호주 노포크섬의 상징

아라우카리아

학명 : *Araucaria heterophylla* | 자생지 : 호주 | 종류 : 아라우카리아과, 상록 교목

LEVEL

아라우카리아는 뾰족한 잎과 수형이 우리나라에 자생하는 삼나무와 닮아 '호주 삼나무'
라고 불리기도 합니다. 탐험가 제임스 쿡과 식물학자 조지프 뱅크스가 호주 노포크섬에
방문했을 때 처음 발견 이래, 노포크 섬을 상징하는 식물이 됐습니다. 노포크섬을 상징
하는 깃발에 아라우카리아가 그려져 있을 정도랍니다. 침엽수로서는 드물게 실내 환경
에서 관리하기가 용이하며, 최근에는 크리스마스 트리로 많이 활용해 겨울철에 특히 인
기가 높습니다.

겉흙이 말랐을 때   간접광이 제일 좋아요   20~25℃

물 주기
보통 겉흙이 충분히 말랐을 때 물을 줍니다. 기온이 낮은 겨울에는 흙이 안쪽까지 충분히 말랐을 때 물을 주는 것이 좋습니다. 물이 지나치게 부족하면 부드러운 잎이 거칠게 변하고 마를 수 있습니다.

햇빛
간접광이 들어오는 실내 밝은 곳에서 관리하는 것이 가장 좋습니다. 빛이 지나치게 부족하면 성장이 느리거나 웃자랄 수 있습니다. 여름철 직사광선은 잎을 손상시킬 수 있으니 피해주세요.

온도
20~25℃에서 키워주세요. 추위에 다소 강한 편이지만, 영하의 온도는 견디기 어렵습니다. 노지 월동이나 베란다 월동 또한 어렵습니다. 겨울에는 따뜻한 실내 환경에서 관리해주세요.

관리 TIP!

① 공중 습도
아라우카리아는 공중 습도가 높은 환경을 선호합니다. 잎과 주변에 주기적으로 물 분무를 해 공중 습도를 충분하게 유지해주세요. 특히 냉방기의 차가운 바람이나 난방기의 건조한 바람은 잎을 거칠고 마르게 하는 원인이 되니 직접 맞지 않도록 주의합니다.

② 햇빛
아카우카리아는 햇빛을 받는 방향으로 자라는 성질이 강합니다. 빛이 있는 방향으로 화분을 자주 돌려줘, 모든 부분에 햇빛을 골고루 받게 하는 것이 좋습니다. 한 방향으로 기울어 자란다면 지주대를 세워 곧게 자랄 수 있도록 합니다.

달콤한 무화과 열매가 열리는 식물

무화과나무

학명 : *Ficus carica* | 자생지 : 아시아, 지중해 일대 | 종류 : 뽕나무과, 낙엽 관목

LEVEL

다산을 상징하는 무화과나무는 큼직한 잎과 달콤한 무화과 열매가 특징입니다. 과실수 중에서는 드물게 관리가 쉬워 초보자들도 열매 수확의 즐거움을 느낄 수 있습니다. 꽃이 피지 않고 열매가 열린다고 해 '무화과(無花果)'라고 부르지만, 사실 무화과꽃은 열매 모양의 꽃받침 안에서 피기 때문에 관찰하기가 어려울 뿐입니다. 무화과나무는 일반적인 식물처럼 꽃이 피고 열매를 맺는 식물입니다. 벌레의 도움으로 수정을 하기 때문에 벌레를 유인하기 위한 달콤한 향기와 꿀을 만들어내죠. 그렇기 때문에 화분 주변에 벌레가 잘 생기니 주의합니다.

겉흙이 말랐을 때

 햇빛을 좋아해요

10~25℃

물 주기

보통 겉흙이 충분히 말랐을 때 물을 주는 것이 좋습니다. 열매가 익어가는 시기라면 평소보다 수분 소모가 빨라집니다. 수시로 흙 상태를 확인하고 물을 주는 것이 좋습니다. 겨울철 잎을 모두 떨어트리고 겨울눈이 형성된 시기에는 물 주기를 매번 챙기기보다는, 자연에서 비가 내리는 주기와 비슷한 주기로 한 달에 한 번 정도만 물을 주세요.

햇빛

빛을 좋아하는 양지 식물입니다. 항상 빛이 잘 드는 환경에서 관리해야 합니다. 햇빛이 풍부할수록 더 건강하게 자라고 더 많은 열매를 맺습니다.

온도

10~25℃에서 관리해주세요. 30℃가 넘는 더운 환경에서는 열매의 크기가 작아질 수 있습니다. 품종에 따라 차이가 있지만, 보통 영하의 온도에서는 잎이 모두 떨어지고 월동합니다. 겨울에도 잎을 보고 싶다면 항상 따뜻한 환경에서 관리해주세요. 건강한 잎과 열매를 보고 싶다면, 겨울철 저온에서 노지 월동을 해 겨울눈을 만들도록 유도해주세요. 다음 해 기온이 올라가는 봄에 새잎이 나고, 더위가 시작되는 여름에 새 가지에서 열매를 맺습니다.

관리 TIP!

① 열매
열매는 초록빛을 잃고 색이 완전히 변했을 때 수확하는 것이 좋습니다. 익지 않은 열매의 껍질은 상처가 나면 불투명한 흰색의 유액이 흐릅니다. 이 유액은 연약한 피부에 닿으면 알레르기 반응을 일으킬 수 있으니 주의합니다. 보통 2년생 이상의 건강한 나무에서 열매가 맺힙니다.

② 해충 관리
벌레를 유혹하는 달콤한 열매 때문에 벌레가 생기기 쉽습니다. 벌레가 생기기 전에 주기적으로 해충제를 이용해 미리 예방하는 것이 좋습니다.

양팔을 벌려 만세하는 선인장

만세선인장

학명 : *Consolea rubescens* │ 자생지 : 남아메리카 │ 종류 : 선인장과, 다육 식물

LEVEL

외국에서는 '로드킬 선인장(Road Kill Cactus)'이라고 불리고, 우리나라에서는 외형이 마치
두 팔 벌려 만세하는 모습과 닮았다고 해 '만세선인장'이라 부릅니다. 일반적인 선인장과
다르게 가시가 퇴화해 위협적이지 않고 모양이 귀여워 인기가 높습니다. 흙의 건조함에
강하고 환경 적응력이 높아 실내 어떤 환경에서도 관리가 쉽습니다.

건조에 강해요

간접광이 제일 좋아요

10~30℃

물 주기

흙이 안쪽까지 충분히 말랐을 때, 식물체가 탱탱하지 않고 쭈글쭈글해졌을 때 물을 줍니다. 장마철이나 기온이 낮은 겨울철에는 오랜 기간 물을 주지 않아도 될 정도로 건조한 환경에 강합니다.

햇빛

간접광이 들어오는 실내 밝은 곳에서 관리하는 것이 가장 좋습니다. 빛이 지나치게 부족하면 웃자람이 발생하기 쉽습니다. 여름철 직사광선은 잎을 손상시킬 수 있으니 피해주세요.

온도

10~30℃에서 관리해주세요. 추운 환경에 약하기 때문에 항상 따뜻한 환경을 유지할 수 있는 곳에서 관리합니다.

관리 TIP!

① **과습** 바람이 잘 통하는 환경과 물 빠짐이 좋은 흙에서 관리해야 토양 과습을 막을 수 있습니다. 분갈이할 때는 마사토나 난석을 원예용 흙과 충분히 섞어주세요. 물을 준 뒤 화분 받침에 고인 물은 바로 버리는 것이 좋습니다.

② **추위** 선인장을 포함한 다육 식물 종류는 식물 내부에 수분을 많이 저장하고 있기 때문에 추위에 약합니다. 기온이 낮은 겨울철에는 찬바람이 들어오는 창가나 베란다 등의 공간은 피하는 것이 좋습니다.

눈이 내린듯한 독특한 무늬

아글라오네마 스노우사파이어

학명 : *Aglaonema* spp. | 자생지 : 중국, 동남아시아 | 종류 : 천남성과, 다년생 초본

LEVEL

아글라오네마 종류에 속하는 식물로, 주변에서 가장 쉽게 접할 수 있는 무늬 식물 중 하나입니다. 아글라오네마 종류의 식물은 저마다 빨간색, 분홍색, 연두색 등의 독특한 무늬와 색감을 가지고 있습니다. 그중에서도 스노우사파이어는 마치 눈이 내린듯한 흰색 무늬가 특징입니다. 스노우사파이어는 국내에서 유통되는 유통명으로, 해외에서는 '퍼스트 다이아몬드(First Diamond)' 혹은 '스노우 화이트(Snow White)'로 불리기도 합니다.

겉흙이 말랐을 때

 간접광이 제일 좋아요

20~25℃

물 주기

보통 겉흙이 완전히 말랐을 때 물을 줍니다. 기온이 낮은 겨울철에는 흙이 안쪽까지 충분히 마른 다음 물을 주는 것이 좋습니다.

햇빛

간접광이 들어오는 실내 밝은 곳에서 관리하는 것이 가장 좋습니다. 빛이 다소 부족한 공간에서도 문제없이 잘 자랍니다. 빛이 지나치게 부족한 공간에서는 잎의 무늬가 옅어질 수 있습니다.

온도

20~25℃에서 관리해주세요. 추위에 약하기 때문에 겨울에도 10℃ 이상 유지할 수 있는 곳에서 관리해야 합니다.

관리 TIP!

① 꽃대

아글라오네마 스노우사파이어의 꽃은 관상 가치가 크지 않으므로, 영양분 손실을 막기 위해 잎과 다른 형태의 꽃대가 올라온다면 빠르게 제거하는 것이 좋습니다.

② 번식

자른 줄기를 흙에 바로 심거나 물에 꽂아 뿌리를 내린 뒤 흙에 옮겨 심는 방법으로 쉽게 번식할 수 있습니다. 꽃이 핀 뒤 생기는 씨앗을 통한 번식도 가능하나, 시간이 오래 걸리고 성공률도 높지 않습니다.

기린을 닮은 꽃
꽃기린

학명 : *Euphorbia milii* | 자생지 : 아프리카 마다가스카르 | 종류 : 대극과, 상록 관목

LEVEL

아프리카의 마다가스카르섬에 자생하는 식물로, 꽃이 솟아오른 모양이 마치 기린 같다고 해 '꽃기린'이라는 이름이 붙은 식물입니다. 하지만 꽃으로 알려진 부분은 사실 꽃을 둘러싸고 있는 포엽이며, 실제 꽃은 포엽 안에 작게 피어있습니다. 유포르비아 종류에 속하는 다육 식물의 하나로, 줄기를 자르면 하얗고 끈적한 즙이 흐릅니다. 본래 억센 가시가 있어 '고난의 깊이를 간직하다'라는 꽃말을 가지고 있습니다. 가장 널리 알려진 품종은 가시가 크고 억세며 빨간 포엽을 가진 품종이지만 최근에는 개량을 통해 분홍색, 흰색, 노란색 등 다양한 색상의 포엽과 가시를 제거한 품종도 유통되고 있습니다. 물과 비료만 충분하다면 일년 내내 꽃을 볼 수 있고 여름철 고온에도 강해, 오래전부터 실내 식물로 사랑받고 있습니다.

겉흙이 말랐을 때

햇빛을 좋아해요

18~25℃

물 주기
흙의 건조함에 강합니다. 보통 겉흙이 충분히 말랐을 때 물을 줍니다. 온도가 낮은 겨울에는 흙이 안쪽까지 충분히 마른 것을 확인하고 물을 주는 것이 좋습니다.

햇빛
빛을 좋아하는 양지 식물입니다. 빛이 충분해야 꽃을 피우기 때문에 빛이 가장 잘 드는 공간에서 관리해주세요. 다만, 한여름 직사광선은 잎을 손상시킬 수 있으니 장시간 노출은 피해주세요.

온도
18~25℃에서 관리해주세요. 추위에 약한 편이기 때문에 겨울에도 7℃ 이상 유지할 수 있는 곳에서 관리하는 것이 좋습니다. 기온이 낮은 겨울철 창가나 찬바람이 들어오는 장소는 피해주세요.

관리 TIP!

① 비료
적절한 비료는 꽃을 오래 유지할 수 있도록 도와줍니다. 1년에 1~2회 정도, 봄과 가을에 화분 크기에 맞는 적정량의 비료를 주는 것이 좋습니다.

② 번식
자른 줄기를 흙에 바로 심거나 물에 꽂아 뿌리를 내린 뒤 흙에 옮겨 심는 방법으로 쉽게 번식할 수 있습니다. 줄기를 자른 뒤 더 이상 수액이 나오지 않도록 그늘에서 하루 정도 말린 뒤 번식을 시도하면 성공률을 높일 수 있습니다.

③ 흰색 수액
잎이나 줄기를 자르면 흘러나오는 흰색의 불투명한 수액은 연약한 피부에 닿는 경우 알레르기를 유발할 수 있으니 주의하도록 합니다.

조금 더 큰 관심이 필요해요
난이도 중 식물

LEVEL
中

식물과 조금은 친해진 당신! 이제 한 단계 레벨을 높여 조금 더 손이 가는 식물을 키워도 좋습니다. 이 장에서 소개하는 식물들은 실내 환경에서 자라는 데 무리는 없지만, 주기적인 관리가 필요한 식물입니다. 자칫 관리에 소홀하면 죽을 수도 있으니, 주의를 더 기울여야 합니다. 특히 물 주는 시기를 놓치거나 물을 과하게 주는 경우, 쉽게 문제가 생길 수 있습니다. 식물을 길러본 경험이 있는 이들에게 추천하는 식물들입니다.

사슴의 뿔을 닮은 식물

박쥐란

학명 : *Platycerium bifurcatum* │ 자생지 : 동남아시아, 호주 │ 종류 : 양치 식물

LEVEL

박쥐란은 땅을 향해 뻗은 잎의 모양이 거꾸로 매달린 박쥐의 모습과 닮았다고 해 '박쥐
란'이라는 이름이 붙었습니다. 해외에서는 잎의 모양이 사슴의 뿔과 비슷하다고 해 '사슴
뿔 고사리(Staghorn Fern)'로 불립니다. 박쥐란은 일반적인 식물처럼 땅속에 뿌리를 내리
고 자라는 것이 아닌, 바위나 이끼 혹은 나무 등에 붙어서 자라는 착생 식물입니다. 또한
양치 식물이기도 합니다. 양치 식물은 꽃이나 씨앗을 통해 번식하는 것이 아닌, 포자를
통해 번식하는 식물을 총칭하는 용어로 고사리가 대표적입니다. 박쥐란은 농촌진흥청의
실험을 통해 실내 공간의 초미세 먼지를 제거하는 공기 정화 능력이 뛰어난 식물로 인정
받았습니다. 철사나 고리를 이용해 실내 공간에 걸어두면 인테리어 효과는 물론, 공기 정
화 효과까지 누릴 수 있는 매력적인 식물이랍니다.

처지거나 말랐을 때

 간접광이 제일 좋아요

 16~25℃

물 주기
잎이 평소보다 처지는 모습을 보이거나 촉감이 부드러워지는 경우나 착생하고 있는 이끼나 물체가 바짝 마른 경우, 충분히 물을 줍니다. 전체가 충분히 젖을 정도로 분무하거나 잎이 절반 이상 잠기게 한 뒤 그대로 30분~1시간 정도 두도록 합니다.

햇빛
빛이 잘 들고 바람이 잘 통하는 환경에서 관리합니다. 직사광선을 장시간 받으면 잎이 손상될 수 있으니 피해주세요.

온도
16~25℃에서 관리해주세요. 주로 열대 우림 기후에서 자생하기 때문에 추위에 약합니다. 기온이 낮은 겨울철에도 최소 13℃ 이상의 온도를 유지할 수 있는 공간에서 관리해주세요.

관리 TIP!

① 냉난방기 바람
차가운 바람이나 지나치게 건조한 바람을 맞으면 잎끝이 노랗거나 검게 변할 수 있습니다. 냉난방기의 바람을 직접 맞지 않도록 관리해주세요.

② 공중 습도
습도가 높은 환경을 선호합니다. 공중 분무를 통해 주변 습도를 높게 유지해주면 좋습니다.

③ 생식엽과 외투엽

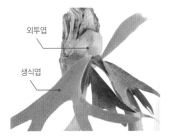

외투엽

생식엽

번식을 담당하는 사슴뿔 모양의 생식엽과 착생과 수분 유지를 담당하는 둥근 모양의 외투엽, 이렇게 두 가지 종류의 잎이 함께 자라납니다. 외투엽이 갈색으로 변하는 것은 자연스러운 현상이므로 제거하지 않도록 합니다.

앙증맞은 노란 열매를 맺는 과실수

사계귤

학명 : *Citrus madurensis* | 자생지 : 중국 남부, 동남아시아 | 종류 : 운향과, 상록 관목

LEVEL
🍃🍃🍃🍃🍃

사계귤은 작고 귀여운 황금색 열매가 주렁주렁 달리는 과실수입니다. 빛과 온도만 적절하다면 사계절 내내 꽃을 피우고 열매를 맺어 '사계귤'이라는 이름이 붙었습니다. 흔히 화훼업계에서는 '유주 나무'라는 유통명으로 불리지만, 사계귤이 정식 명칭입니다. 깔라만시와 가장 비슷한 식물이에요. 다만, 여러 식물의 교잡종으로 동일한 식물은 아니랍니다. 흰색의 작은 꽃이 피면 실내를 가득 채울 정도로 향이 진하며, 자가 수정이 가능합니다. 꽃이 지고 나면 보통 60~70% 정도가 열매로 전환됩니다. 열매는 무척 시기 때문에 직접 먹는 것은 추천하지 않습니다.

겉흙이 말랐을 때

햇빛을 좋아해요

15~25℃

물 주기
보통 겉흙이 충분히 말랐을 때 물을 줍니다. 기온이 낮은 겨울철에는 흙이 안쪽까지 충분히 말랐을 때 물을 주도록 합니다. 물이 부족하면 잎이 처지는 현상이 나타납니다. 잎이 처졌다면 흙 상태를 확인한 뒤 충분히 물을 주세요.

햇빛
빛을 좋아하는 양지 식물입니다. 항상 빛이 잘 드는 환경에서 관리해주세요. 추운 겨울철을 제외하면 항상 빛이 잘 드는 창가나 베란다 환경이 가장 좋습니다.

온도
15~25℃에서 관리해주세요. 겨울철에는 최저 영하 2℃까지도 견딜 수 있지만, 지속적으로 추운 환경에 노출되면 잎이 우수수 떨어질 수 있습니다. 그러니 겨울철에는 반드시 따뜻한 실내에서 관리해주세요.

관리 TIP!

① 비료
사계귤이 성장하는 시기인 봄과 여름에는 화분 크기에 맞는 적절한 양의 비료를 월 1회 정도 주며 관리하면 열매가 더욱 많이 열립니다.

② 지주대
나무가 휘어져 자라거나 열매가 많이 열려 줄기가 무게를 견디지 못하고 휘거나 꺾일 수 있기 때문에, 지주대를 세워 모양을 잡아주면 좋습니다.

③ 가지치기
꽃이 지고 열매도 모두 수확했다면 적절한 가지치기를 해 곁가지를 만들어주세요. 가지치기를 진행하지 않는 경우, 줄기가 일자로 길쭉하게만 자라 수형이 흐트러지거나 식물체가 기울어질 수 있습니다. 곁가지를 많이 만들어주면 꽃과 열매가 맺힐 수 있는 가지의 수가 더 늘어날 수 있어요.

강력한 색감에 담긴 섬세한 사랑

덴마크 무궁화

학명 : *Hibiscus rosa-sinensis* | 자생지 : 중국 남부, 동남아시아 | 종류 : 아욱과, 상록 관목

LEVEL
🌿🌿🌿

덴마크 무궁화는 꽃이 크고 화려해 한 송이만 펴도 화분을 꽉 채우는 느낌을 주는
식물입니다. 품종에 따라 다양한 색상의 꽃이 피며, 만개하면 보통 2~3일 안에 떨
어집니다. 하지만 3월부터 11월까지 꽃이 피고 지기를 반복하기 때문에, 관리만
잘하면 매년 꽃을 감상하는 즐거움을 느낄 수 있습니다. 잎이 두껍고 광택이 있어
겨울에 꽃이 지더라도 잎 자체만으로 충분히 매력적인 식물입니다.

겉흙이 말랐을 때

햇빛을 좋아해요

20~25℃

물 주기
보통 겉흙이 충분히 말랐을 때 물을 줍니다. 기온이 낮은 겨울철에는 흙이 안쪽까지 충분히 마른 것을 확인하고 물을 줍니다. 흙의 건조함이 오래 지속되지 않도록 주의합니다.

햇빛
빛을 좋아하는 양지 식물입니다. 실내 공간이라면 창가나 베란다처럼 하루 종일 빛이 잘 드는 장소에서 관리해주세요. 가능하다면 야외 환경에서 관리하는 것이 가장 좋습니다.

온도
20~25℃에서 관리해주세요. 겨울에도 10℃ 이상 유지하는 것이 가장 좋으며, 온도를 적절히 관리한다면 겨울에도 꽃을 볼 수 있습니다. 베란다 월동은 가능하지만 최소 5℃ 이상 유지할 수 있는 공간에서 월동하는 것이 좋습니다.

관리 TIP!

① 노지 재배
실내외에서 모두 잘 자라며 서리가 내리지 않는 5월부터 9월까지는 노지 재배가 가능합니다. 서리가 내리는 기간에는 반드시 실내로 들여주세요.

② 해충 관리
주변 환경이 지나치게 건조하거나 습할 경우 해충, 특히 진딧물이 생기기 쉽습니다. 주기적으로 원예용 살충제를 이용해 해충을 예방하는 것이 가장 좋습니다.

③ 꽃이 진 뒤 관리
만개 뒤 시들어가는 꽃과 꽃이 진 뒤 남아있는 꽃대는 빠르게 제거하는 것이 좋습니다. 곰팡이가 생기는 것을 예방할 수 있으며 더욱 깔끔한 수형으로 관리할 수 있습니다.

연꽃을 닮은 황금색 꽃이 피는 식물

황금연꽃바나나

학명 : *Musella lasiocarpa* | 자생지 : 중국 운남성 | 종류 : 파초과, 다년생 초본

LEVEL

황금연꽃바나나는 알로카시아와 여인초를 절반씩 합친 듯한 모습의 식물입니다. 중국 운남성 지역의 해발 2,000m 이상 지대에서 자생하는 희귀 식물로, 이국적인 분위기와 화려한 꽃 덕분에 최근 인기가 높아진 식물입니다. 목대 중심에서 피어나는 황금색 꽃이 연꽃을 닮았고, 파초과에 속하는 바나나 계통의 식물 특성을 가지고 있어 '황금연꽃바나나'라는 이름이 붙었습니다. 꽃이 진 자리에는 열매가 생기지만, 식용으로 개량된 품종이 아니라 식용으로 사용하기는 어렵습니다.

흙의 건조함에 강해요

 햇빛을 좋아해요

18~24℃

물 주기

흙의 건조함에 견디는 능력이 뛰어난 식물입니다. 반대로 과습에는 취약하기 때문에 주의합니다. 보통 겉흙이 완전히 마르고 난 뒤 흙이 안쪽까지 충분히 말랐을 때 물을 주는 것이 좋습니다.

햇빛

빛을 좋아하는 양지 식물입니다. 하루 6시간 이상 빛이 잘 드는 곳에서 관리해주세요. 빛이 부족한 환경에서는 잎과 줄기가 가늘게 자랍니다. 다만, 여름철 직사광선은 잎을 손상시킬 수 있으니 피해주세요.

온도

18~24℃ 사이에서 관리해주세요. 추위에 강해 영하 6℃까지도 견딜 수 있습니다. 내한성이 강한 식물이지만, 따뜻한 실내에서만 자란 경우에는 갑자기 급격한 온도 변화를 겪지 않도록 주의합니다.

관리 TIP!

① 물은 흙에만 조심스럽게

황금연꽃바나나에 물을 줄 때는 중심 목대에 물이 닿지 않도록 하는 것이 좋습니다. 성장하면서 줄기와 잎이 탈락하며 중심 목대가 형성되는데, 중심 목대에서 떨어진 줄기가 만든 틈 사이에 물이 고이면 목대가 무르는 원인이 될 수 있습니다.

② 줄기 관리

잎이 크고 넓기 때문에 줄기가 늘어지는 현상이 발생할 수 있습니다. 지주대를 세워주거나 한데 묶어 고정시키면 좋습니다. 심하게 늘어지거나 꺾인 줄기는 과감하게 제거하세요. 한쪽 방향에서만 빛을 받으면 잎과 줄기가 한 방향으로 뻗어나가기 때문에, 주기적으로 화분을 돌려줘 빛을 골고루 받을 수 있도록 해주세요. 그러면 수형 관리에 도움이 됩니다.

태양을 닮은 식물

아가베 아테누아타

학명 : *Agave attenuata* | 자생지 : 멕시코 | 종류 : 용설란과, 다육 식물

LEVEL
🌿🌿🌿🌿🌿

위에서 바라보면 마치 태양을 떠올리게 하는 잎 모양과 은은한 초록빛의 잎 색이 특징
인 식물입니다. 아가베는 전 세계에 200여 종 이상이 존재하지만, 세부 품종인 아테누
아타는 가시가 없고 잎의 질감이 부드러워 주로 정원수나 실내 원예에 활용합니다. 병해
충에 대한 저항력이 강하고 흙의 건조함을 견디는 힘이 강하지만, 빛이 부족한 곳에서는
잘 자라지 못합니다.

흙의 건조함에 강해요　　　　햇빛을 좋아해요　　　　22~28℃

물 주기

흙의 건조함에 강한 식물입니다. 물을 너무 자주 주지 않도록 주의합니다. 흙 상태를 확인하고 흙이 표면에서부터 60~70% 지점까지 충분히 말랐을 때 물을 주는 것이 좋습니다.

햇빛

빛이 부족한 곳에서는 잎이 얇아지고 긴 모양으로 자라며 잎끝은 힘없이 처지는 현상이 발생할 수 있습니다. 하루 6시간 이상 빛이 충분히 잘 드는 공간에서 관리해주세요. 여름철 직사광선은 잎을 손상시킬 수 있으니 피해주세요.

온도

22~28℃에서 관리해주세요. 추위에 약하기 때문에 겨울에도 최소 5℃ 이상 유지할 수 있는 공간에서 관리해야 합니다.

관리 TIP!

① 이동 시　　아가베 아테누아타의 잎은 크고 부드럽지만, 그만큼 연약하기 때문에 쉽게 상처가 나거나 부러지기 쉽습니다. 위치를 이동할 때 각별한 주의가 필요합니다.

② 흰색 수액　　잎 또는 줄기를 자르면 흘러나오는 흰색의 투명한 수액에는 구강 자극을 일으키는 성분이 들어있습니다. 반려동물이나 어린아이가 먹지 않도록 주의합니다.

③ 목대 형성　　아가베 아테누아타의 가장 아래쪽 잎이 노랗게 변하며 마르는 것은 오래된 잎이 지는 자연스러운 현상입니다. 오래된 잎이 지면서 자연스럽게 목대를 형성하는데, 잎이 완전히 마른 뒤 자르는 것이 좋습니다.

행복을 주는 나무

해피 트리

학명 : *Heteropanax fragrans* │ 자생지 : 중국, 동남아시아 │ 종류 : 두릅나무과, 상록 관목

LEVEL

해피 트리(Happy Tree)는 '행복'이란 꽃말을 가진 식물입니다. 행운과 재물을 불러오는 식물이라 해 '행복 나무' '부귀수' 등의 이름으로 불리기도 합니다. 의미와 이름 덕분에 개업식이나 집들이 등의 축하 선물로 인기가 많습니다. 윤기 있는 작은 잎이 풍성하게 돋아나며 굵고 튼튼한 목대가 특징입니다. 대부분의 실내 환경에서 문제없이 자라고 성장이 빠른 편입니다. 다만, 환경이 갑자기 변하거나 적절하지 않으면 잎이 우수수 떨어지기도 합니다. 외형이 닮은 녹보수와 혼동하기도 하는데, 녹보수와 해피 트리는 엄연히 다른 식물입니다.

겉흙이 말랐을 때

 간접광이 제일 좋아요

15~30℃

물 주기
보통 겉흙이 충분히 마르면 물을 줍니다. 기온이 낮은 겨울철에는 흙이 안쪽까지 충분히 말랐을 때 물을 주는 것이 좋습니다. 물 주는 시기를 놓치게 되면 잎이 떨어지는 현상이 나타날 수 있습니다. 흙 상태를 수시로 확인하고 물을 줍니다.

햇빛
반양지 식물입니다. 다소 어두운 환경에서도 잘 자라지만, 바람이 잘 통하고 햇빛을 많이 받는 환경일수록 좋습니다. 한여름 직사광선은 잎을 손상시킬 수 있으니 피해주세요.

온도
15~30℃에서 관리해주세요. 추위에 약하기 때문에 겨울에도 최소 10℃ 이상을 유지할 수 있는 공간에서 관리해야 합니다. 찬바람을 맞으면 잎이 우수수 떨어지는 현상이 발생할 수 있으니 추위에 각별히 주의합니다.

관리 TIP!

① 바람과 습도
잎이 촘촘하고 풍성하기 때문에 바람이 잘 통하지 않거나 지나치게 건조한 환경에서는 해충이 생길 수 있습니다. 항상 바람이 잘 통하는 환경에서 관리해주세요.

② 가지치기
성장이 빠른 해피 트리는 적절한 가지치기를 통해 주기적으로 잎과 줄기를 정리하는 것이 좋습니다. 지저분하게 옆으로 뻗거나 너무 길게만 자란 줄기는 잘라주세요.

리피의 상담 일지
Before & After

CASE 4	"잎에 검붉은 반점이 생겼어요"

◈ 상담 분류 : 온도　◈ 상담 식물 : 녹보수

no 1.
상담 내용

녹보수를 키우고 있는 식물 집사입니다.

2년 동안 길러온 녹보수인데, 최근 잎 색이 노랗게 변하고

검붉은 반점이 생기기 시작했어요.

원인이 무엇인지 궁금합니다.

녹보수는 새로 들인 뒤 쭉 베란다에 뒀습니다.

빛을 직접 받지는 않지만 오랫동안 밝은 해를 볼 수 있습니다.

2년 동안 분갈이는 하지 않았어요.

녹보수를 기르는 환경

1. 해가 잘 드는 베란다에서 키우고 있어요.
2. 작년에도 겨울철에 잎의 색이 변하고 잎을 다 떨어트렸어요.
3. 분갈이는 2년 동안 하지 않았어요.

no 2.
리피의 처방전

잎이 노랗게, 붉게 변하고 검은 반점들이 생겼군요.

해당 증상만 놓고 보면, 영양 부족과 저온 피해

두 가지 모두 가능성이 있습니다.

다만, 작년 겨울에도 동일한 증상을 보인 경험이 있기 때문에

해당 장소가 녹보수에게는 다소 추운 장소일 수 있어요.

저온 피해는 회복이 어렵기 때문에 꼭 미리 예방해야 한답니다.

저온 피해 예방
1 내가 키우는 식물의 월동 가능 온도를 확인해주세요.
2 식물이 위치한 곳의 온도가 적절한지 점검해주세요.
3 추위에 약한 식물이라면 기온이 낮아지기 전 미리 실내로
   옮겨주세요.

적절한 시기에 분갈이 및 흙갈이 하기
작년 겨울에도 동일한 증상이 있었다는 전제하에
저온 피해로 의심되지만, 동일한 화분에서
2년 가량 키워주셨다면 영양분도 많이 부족해졌을 거예요.
실내에서 분갈이를 하거나, 영양제로 보충해주길 추천합니다.

no 3.
더 알아보기

이미 저온 피해를 입은 경우라면
1 붉고, 노랗게 반점이 생긴 잎은 제거해주세요.
2 해당 장소와 비슷한 정도의 빛이 드는 따뜻한 곳으로
   조금씩 이동해주세요.
3 따뜻한 곳에서 새잎을 내는지 지켜보세요.
   온도가 높아지면, 식물은 물을 더 빨리 사용하게 된답니다.
   바뀐 환경에 맞춘 물 주기 변화도 잊지 마세요!

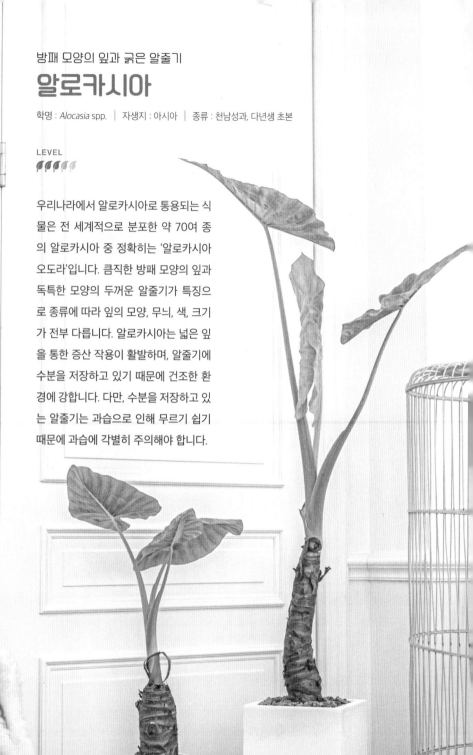

방패 모양의 잎과 굵은 알줄기

알로카시아

학명 : *Alocasia* spp. | 자생지 : 아시아 | 종류 : 천남성과, 다년생 초본

LEVEL

우리나라에서 알로카시아로 통용되는 식
물은 전 세계적으로 분포한 약 70여 종
의 알로카시아 중 정확히는 '알로카시아
오도라'입니다. 큼직한 방패 모양의 잎과
독특한 모양의 두꺼운 알줄기가 특징으
로 종류에 따라 잎의 모양, 무늬, 색, 크기
가 전부 다릅니다. 알로카시아는 넓은 잎
을 통한 증산 작용이 활발하며, 알줄기에
수분을 저장하고 있기 때문에 건조한 환
경에 강합니다. 다만, 수분을 저장하고 있
는 알줄기는 과습으로 인해 무르기 쉽기
때문에 과습에 각별히 주의해야 합니다.

과습은 금물

간접광이 제일 좋아요

20~25℃

물 주기

중심 줄기에 수분을 저장하는 알로카시아는 과습에 무척 약한 식물입니다. 그렇기 때문에 흙이 표면으로부터 60~70% 이상 안쪽까지 충분히 말랐을 때 물을 주는 것이 좋습니다. 겨울에는 평소보다 물 주는 주기를 더 길게 늘려줍니다.

햇빛

간접광이 들어오는 실내 밝은 곳에서 관리하는 것이 가장 좋습니다. 빛이 다소 부족한 공간에서도 무리없이 잘 자라지만, 빛이 지나치게 부족한 경우 성장이 느리고 웃자람이 발생할 수 있습니다.

온도

20~25℃ 사이에서 키워주세요. 추운 환경에 약하기 때문에 겨울에도 최소 10℃ 이상을 유지할 수 있는 곳에서 관리해주세요. 겨울철 찬바람을 직접 맞을 경우 저온 피해를 입기 쉽습니다.

관리 TIP!

① **무름병**

굵은 줄기가 과습으로 인해 무르기 쉽습니다. 알줄기에는 물이 닿지 않도록 관리하는 것이 좋습니다. 만약 알줄기가 무른다면, 무른 부분이 없도록 파내거나 잘라내야 합니다. 자른 알줄기는 흙 또는 물에 심어 뿌리를 내리고 회복할 수 있습니다.

② **천남성과 식물**

천남성과 식물은 잎과 줄기에 약한 독성이 있습니다. 반려동물이나 어린아이가 섭취하지 않도록 주의해야 합니다.

겨울에 피어나는 빨간 손님

동백나무

학명 : *Camellia japonica* │ 자생지 : 동아시아 │ 종류 : 차나무과, 상록 관목

LEVEL
🪶🪶🪶🪶🪶

꽃을 보기 힘든 계절인 겨울에 꽃이 핀다고 해 '동백(冬柏)'이라는 이름이 붙었습니다. 특유의 아름다움으로 문화, 예술 작품의 소재로 자주 활용됩니다. 동백나무의 씨앗에서 추출한 기름은 화장품 원료로도 사용되며 다방면으로 사랑받고 있습니다. 동백나무는 새에 의해 꽃가루가 옮겨져 겨울부터 봄까지 계속해서 꽃을 피웁니다. 우리나라에는 여수, 제주 등의 유명 군락지에서 한데 모여 피어난 동백의 아름다움을 감상할 수 있습니다.

겉흙이 말랐을 때

햇빛을 좋아해요

16~19℃

물 주기
흙은 건조하지만 공중 습도는 높은 환경을 선호합니다. 보통 겉흙이 충분히 말랐을 때 물을 줍니다. 꽃눈이 맺힌 이후에는 흙이 바싹 마르지 않도록 물 주기에 신경써주세요.

햇빛
빛을 좋아하는 양지 식물입니다. 항상 빛이 잘 들어오는 곳에서 관리하는 것이 좋습니다. 빛이 충분한 환경에서 관리해야 꽃이 활짝 피어날 수 있습니다.

온도
16~19℃ 사이에서 관리해주세요. 일반적으로 26℃ 이상의 높은 온도에서는 개화 기간이 길지 않고 꽃이 금방 떨어집니다. 꽃을 오래 보고 싶다면 5~10℃ 내외의 서늘한 환경에서 관리하는 것이 좋습니다.

관리 TIP!

① 비료 꽃이 피는 시기에는 비료를 주지 않는 것이 좋습니다. 특히 질소 성분이 과다하게 공급되면 개화 중인 꽃이 갑자기 떨어질 수 있으니 주의합니다.

② 반려동물 동백에는 반려동물에게 해가 되는 성분이 없어, 반려동물이 접근할 수 있는 공간에서 관리해도 괜찮으니 안심하세요.

다채로운 색상의 잎

크로톤

학명 : *Codiaeum variegatum* | 자생지 : 동남아시아, 호주 | 종류 : 대극과, 상록 관목

LEVEL

크로톤은 '다양한 머리'라는 의미의 학명을 가진 식물입니다. 초록색, 노란색, 빨간색 등으로 알록달록 물든 잎이 특징이며, 잎의 색은 햇빛을 많이 받을수록 화려하고 다양하게 변합니다. 이러한 특성 때문에 한자 문화권 나라에서는 '변엽목(變葉木)'이라고 부르기도 합니다. 전 세계적으로 약 100여 종이 분포하며 종류에 따라 잎의 모양, 색, 무늬 등이 전부 다릅니다. 환경이 맞지 않으면 잎을 우수수 떨어트리는 성질이 있어 관리에 주의해야합니다.

겉흙이 말랐을 때

간접광이 제일 좋아요

20~25℃

물 주기

보통 겉흙이 충분히 말랐을 때 물을 줍니다. 물이 필요한 경우에 잎이 살짝 처지는 증상이 나타납니다. 잎이 처진다면 흙 상태를 함께 점검하고 물을 주도록 합니다.

햇빛

간접광이 들어오는 실내 밝은 곳에서 관리하는 것이 가장 좋습니다. 직사광선은 잎을 손상시킬 수 있으니 피해주세요. 빛이 부족한 환경에서 자랄 경우 잎 색이 어둡게 변하거나 단조로워질 수 있습니다.

온도

20~25℃에서 키워주세요. 겨울에도 최소 10℃ 이상 되는 따뜻한 환경에서 관리합니다. 10℃ 미만의 온도에서는 갑자기 잎을 우수수 떨어트릴 수 있으니 주의해주세요.

관리 TIP!

① 꽃 제거

늦봄에서 초가을 사이, 낮은 확률로 꽃이 피기도 합니다. 하지만 크기도 작고 관상 가치가 낮으며 식물의 생장을 방해할 수 있습니다. 원활한 성장을 원한다면 빠르게 잘라서 제거하는 것이 좋습니다.

② 흰색 수액

크로톤의 줄기나 잎을 자르면 흰색의 불투명한 수액이 흐릅니다. 연약한 피부에 닿거나 섭취하는 경우 알레르기 반응을 일으킬 수 있으니 주의합니다.

③ 잎 관리

잎이 넓고 촘촘해 먼지가 쌓이기 쉽습니다. 주기적으로 잎을 닦거나 분무를 통해 잎에 쌓인 먼지를 씻어주면 좋습니다.

앙증맞은 사과나무
꽃사과나무

학명 : *Malus prunifolia* | 자생지 : 아시아, 북아메리카 | 종류 : 장미과, 낙엽 관목

LEVEL
🍃🍃🍃🍃🍃

꽃사과나무는 열매 수확이 목적인 일반 사과나무와 달리, 주로 꽃과 열매를 감상하기 위
해서 관리합니다. 앙증맞은 사과가 열려 '애기사과나무'라고도 불리며, 열매 크기를 기준
으로 일반 사과나무와 구분합니다. 열매는 단맛보다 시큼한 맛이 강해 그대로 먹기보다
는 다른 형태로 섭취하는 경우가 많습니다. 흔히 분재 형태로 길러지는 경우가 많으며,
4~6월부터 분홍 꽃봉오리가 생기고 개화하기 시작해 열매를 맺습니다. 열매는 11월까
지 빨간색으로 익어갑니다. 추운 겨울에는 잎이 전부 낙엽으로 떨어지며, 이듬해 봄 다
시 새잎을 내고 성장합니다.

열매가 있을 때는 물을 충분히

 햇빛을 좋아해요

 16~30℃

물 주기
겉흙이 충분히 말랐을 때 물을 주며, 겨울에는 흙이 안쪽까지 충분히 말랐을 때 물을 줍니다. 열매가 맺히는 시기에는 물 주기에 특히 신경 써야 합니다. 물이 부족하면 열매가 쪼그라들고 잎이 처지는 현상이 나타납니다. 저면 관수를 활용해 물을 충분히 공급해주는 것이 가장 좋습니다.

햇빛
빛을 좋아하는 양지 식물입니다. 빛이 충분해야 꽃이 피고 열매가 맺히기 때문에, 항상 빛이 잘 드는 환경에서 관리합니다. 실내 환경이라면 창가나 베란다에서 관리해주세요. 가능하다면 야외 환경이 좋습니다.

온도
16~30℃에서 관리해주세요. 추위에 강한 편으로 베란다 월동이 가능합니다. 다만, 서리를 맞는 야외 환경이나 급작스러운 온도 변화는 피해야 합니다. 내년에도 꽃을 보고 싶다면 가을·겨울철 미리 실외, 저온에 노출시켜 겨울눈으로 겨울을 나게 해주세요. 다음 해에 새로운 잎과 꽃대를 올린답니다.

관리 TIP!

① **토양 확인**
분재 형태로 관리하는 경우가 많아 딱딱하고 척박한 토양에서 재배돼 판매되는 경우가 많습니다. 분갈이를 할 때 딱딱한 흙 일부를 제거하고 부드러운 원예용 흙으로 교체하는 것이 좋습니다. 여의치 않다면 물을 줄 때 저면 관수를 통해 뿌리가 물을 충분히 흡수하도록 해주는 것이 좋습니다.

② **통풍**
바람이 충분하지 못한 환경에서는 응애나 진딧물 같은 해충이 생기기 쉽습니다. 항상 바람과 공중 습도가 충분한 환경을 유지하는 것이 좋습니다.

난이도 상 식물

LEVEL

上

식물과 같이 살아갈 준비가 된 당신! 이제 특별한 식물에 도전할 수 있습니다. 이 장에서 소개하는 식물들은 대체로 빛과 바람이 충분한 공간을 선호하기 때문에 실내 공간에서 관리하기 어려운 식물입니다. 또한 흙 속의 수분 상태와 환경 변화에 예민하게 반응해 물 주기를 파악하기가 까다로운 경우가 많습니다. 식물을 길러본 경험이 풍부한 이들에게 추천하는 식물들입니다.

호주를 대표하는 식물

유칼립투스

학명 : *Eucalyptus* spp. │ 자생지 : 호주 │ 종류 : 도금양과, 상록 교목

LEVEL
🌱🌱🌱🌱🌱

은은한 색감과 동글동글 귀여운 잎을 가진 호주 대표 식물로, 코알라가 먹는 유일한 먹이로 잘 알려져 있습니다. 유칼립투스는 전 세계에 700종 이상의 품종이 있지만, 코알라가 먹이로 삼는 종은 10여 종 내외로 매우 한정적입니다. 유칼립투스에서 추출한 오일은 향균 및 소염 효과가 뛰어난 것으로 알려져 화장품, 의약품 등 다방면으로 활용합니다. 과습과 건조에 취약하고 회복이 더디며, 환경 변화에 예민하게 반응하기 때문에 실내 환경에서는 관리가 어렵습니다.

과습은 금물   햇빛을 좋아해요   15~25℃

물 주기

겉흙이 전체적으로 완전히 마르기 전에 물을 주도록 합니다. 기온이 낮은 겨울철에는 겉흙이 완전히 마른 뒤 물을 주는 것이 좋습니다. 흙의 건조나 과습 모두 예민하게 반응하니 수시로 흙 상태를 점검하는 것이 좋습니다. 물을 준 뒤 과습을 막기 위해 화분 받침에 고인 물은 바로 버리는 것이 좋습니다.

햇빛

호주 야생에서 충분한 빛을 받으며 성장하는 빛을 좋아하는 양지 식물입니다. 실내 환경이라면 하루 종일 빛이 잘 들고 바람이 잘 통하는 창가나 베란다 공간이 적절합니다. 가능하다면 야외 환경에서 관리하는 것이 좋습니다.

온도

15~25℃ 사이에서 관리해주세요. 종류에 따라 조금씩 다르지만 영하 5~10℃까지도 견딜 수 있으며, 따뜻한 남부 지방에서는 노지 월동도 가능합니다. 다만, 갑작스러운 온도 변화에는 저온 피해를 입을 수 있으며, 화분에서 키워지는 유칼립투스는 저온 피해에 약하기 때문에 항상 주의해야 합니다.

관리 TIP!

① 환경 변화 주의

따뜻한 실내 환경에서만 성장했다면, 야외에서 성장하는 것에 비해 온도 적응력이 낮아집니다. 갑작스러운 환경 변화에 민감하니, 갑자기 춥거나 더운 환경으로 옮기지 않는 것이 좋습니다.

② 분갈이 주의

뿌리가 민감하기 때문에 분갈이할 때 특히 주의해야 합니다. 뿌리에 붙어있는 흙은 최대한 털어내지 않고 분갈이를 진행합니다. 잔뿌리의 손상을 최소화해야 분갈이로 인한 스트레스를 줄일 수 있습니다. 분갈이할 때는 통기성과 배수성이 좋은 흙을 사용하는 것이 좋습니다.

마오리족의 기개를 닮은 식물

소포라

학명 : *Sophora prostrata* | 자생지 : 호주, 뉴질랜드 | 종류 : 콩과, 상록 관목

LEVEL
🌿🌿🌿🌿🌿

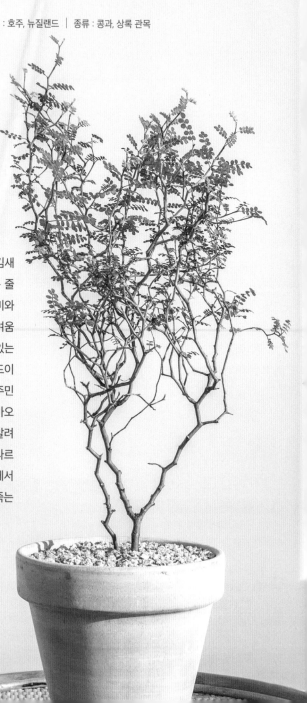

커다란 나무의 축소판 같은 생김새
를 가진 소포라는 갈색의 얇은 줄
기가 뻗어나가며 만드는 조형미와
앙증맞은 동그란 잎이 주는 귀여움
덕에 SNS에서도 자주 볼 수 있는
식물입니다. 자생지는 뉴질랜드이
며, 유통업계에서 뉴질랜드 원주민
인 마오리족의 이름을 붙여 '마오
리 소포라'라는 이름으로 잘 알려
져 있습니다. 귀여운 외모와 다르
게 관리가 까다로워 실내 환경에서
는 금방 잎이 떨어지고 말라 죽는
경우가 많습니다.

💧 과습은 금물   ☀️ 햇빛을 좋아해요   🌡️ 10~25℃

물 주기

겉흙이 전체적으로 완전히 마른 뒤 물을 주도록 합니다. 기온이 낮은 겨울철에는 흙이 안쪽까지 충분히 마른 뒤 물을 주는 것이 좋습니다. 과습에 예민하게 반응하니 수시로 흙 상태를 점검하는 것이 좋습니다. 물을 준 뒤 과습을 막기 위해 화분 받침에 고인 물은 바로 버리는 것이 좋습니다.

햇빛

뉴질랜드의 야생에서 충분한 빛을 받으며 성장하는, 빛을 좋아하는 양지 식물입니다. 실내 환경이라면 하루 종일 빛이 잘 들고 바람이 잘 통하는 창가나 베란다 공간이 적절합니다. 가능하다면 야외 환경에서 관리하는 것이 가장 좋습니다. 다만, 한여름의 직사광선은 잎을 손상시킬 수 있으니 피해주세요.

온도

10~25℃에서 관리해주세요. 선선한 환경을 좋아하며 추위에 강합니다. 서리를 맞지 않는 베란다 환경에서는 월동도 가능하며, 최대 영하 5~10℃까지 버틸 수 있습니다. 다만 화분에서만 자랐거나 따뜻한 실내 환경에서만 성장했다면, 식물의 나이가 어린 경우 야외에서 성장하는 것에 비해 온도 적응력이 낮아집니다. 갑작스럽게 춥거나 더운 환경으로 옮기지 않도록 해주세요.

관리 TIP!

① 일교차   온도의 변화가 거의 없는 환경보다는 자생지의 환경과 유사하게 일교차를 느낄 수 있는 환경에서 관리하는 것이 좋습니다.

② 통풍   바람이 잘 통하지 않고 건조한 환경에서는 깍지벌레나 응애 등의 해충이 생기기 쉽습니다. 항상 바람이 잘 통하는 장소에서 관리해주세요.

연둣빛 잎과 향긋한 레몬향

윌마(율마)

학명 : *Cupressus macrocarpa* │ 자생지 : 북아메리카 │ 종류 : 측백나무과, 상록 관목

LEVEL
🌿🌿🌿🌿🌿

뾰족하지만 부드러운 연둣빛 잎과 살포시 쓰다듬으면 은은하게 퍼지는 레몬 향이 특징인 식물입니다. 흔히 '율마'라는 이름으로 시중에 유통되고 있지만, 정식 명칭은 '윌마'입니다. 피톤치드를 풍부하게 발산해 주변의 해로운 미생물을 죽이고 자신을 보호하는 특성이 있습니다. 가지치기를 통해 동그란 모양, 핫도그 모양 등 다양한 수형으로 관리할 수 있습니다. 빛이 부족하고 바람이 충분하지 못한 환경에서는 잎이 쉽게 마르고 거칠어지기 때문에 세심한 관리가 필요합니다.

과습은 금물

햇빛을 좋아해요

16~20℃

물 주기
물을 좋아하지만 토양 과습에 주의해야 합니다. 보통 겉흙이 전체적으로 말랐을 때 물을 줍니다. 기온이 낮은 겨울에는 흙마름이 더뎌지니, 꼭 확인 후 충분히 말랐을 때 물을 줍니다.

햇빛
햇빛을 좋아하는 양지 식물입니다. 빛이 부족한 환경에서는 연두색 잎이 진한 초록색으로 변하며 거칠고 딱딱해집니다. 하루 종일 빛이 잘 드는 창가나 베란다 환경에서 관리해주세요.

온도
16~20℃에서 관리해주세요. 추위에 비교적 강한 편입니다. 따뜻한 남부 지방에서는 노지 월동도 가능합니다.

관리 TIP!

① **잎 분무**   바람이 다소 부족한 실내에서 관리하는 경우, 잎에 분무하는 것은 삼가도록 합니다. 잎이 까맣게 변하는 원인이 될 수 있습니다.

② **잎 정리**   손으로 잎끝을 가볍게 따주면 새순이 두세 갈래로 더욱 풍성하게 돋아납니다. 월마를 더욱 풍성하게 만들고 싶다면 주기적으로 잎끝을 정리하는 것이 좋습니다.

허브의 대명사
로즈메리

학명 : *Rosmarinus officinais* │ 자생지 : 지중해 │ 종류 : 꿀풀과, 상록 관목

LEVEL
🌿🌿🌿🌿🌿

산뜻한 향기가 매력적인 로즈메리는 특별한 효능으로 인해 로마 시대부터 정원수와 약초로 쓰인 식물입니다. 현재는 음식의 재료부터 화장품까지 더욱 다양한 분야에 활용하고 있습니다. 로즈메리 향은 스트레스를 낮추고 안정감을 주며 기억력을 향상시키는 효능이 있는 것으로 알려졌습니다. 농촌진흥청의 실험을 통해 새집 증후군의 원인인 포름알데히드와 톨루엔을 제거하는 효과도 있는 것으로 확인됐습니다. 하지만 실내 환경에서 관리할 경우, 잎이 쉽게 마를 수 있기 때문에 세심한 관리가 필요합니다.

과습은 금물　　　　　　　햇빛을 좋아해요　　　　20~25℃

물 주기

과습에 취약합니다. 물을 주기 전에는 반드시 흙 상태를 확인하고 겉흙이 충분히 말랐을 때 물을 줍니다. 기온이 낮은 겨울에는 평소보다 물 주는 주기를 길게 합니다.

햇빛

햇빛을 좋아하는 양지 식물입니다. 햇빛을 충분히 받아야만 건강하게 자랄 수 있습니다. 하루 종일 빛이 잘 드는 베란다나 창가 공간에서 관리해주세요.

온도

20~25℃에서 관리해주세요. 추위에 강한 편이지만, 영하 5℃ 이하의 추운 환경은 피하는 것이 좋습니다. 일부 남부 지방에서는 토양에 식재해 노지 월동도 가능합니다.

관리 TIP!

① 잎 상태 확인

줄기 또는 잎끝이 검게 변하고 마른다면 토양 과습인 경우가 많습니다. 흙이 충분히 마를 수 있도록 바람이 잘 통하고 따뜻한 곳에서 관리해주세요. 이미 검게 변하고 마른 잎은 회복이 어렵기 때문에 정리하는 것이 좋습니다.

② 잎이 말리는 현상

잎끝이 늘어지고 안쪽으로 말리는 현상이 생긴다면 물이 부족하거나 빛이 부족한 환경은 아닌지 점검합니다.

③ 통풍

잎 사이사이로 바람이 드나들지 않으면 잎이 안쪽부터 차례대로 말라 부서지거나 떨어지는 현상이 나타날 수 있습니다. 항상 바람이 잘 통하는 환경에서 관리합니다.

크리스마스 분위기가 물씬

포인세티아

학명 : *Euphorbia pulcherrima* │ 자생지 : 멕시코 │ 종류 : 대극과, 상록 관목

LEVEL

🍃🍃🍃🍃🍃

포인세티아는 크리스마스를 상징하는 빨간색으로 크리스마스 시즌에 특히 인기가 많아 '크리스마스 꽃'이라는 별명을 가진 식물입니다. 겨울철 추운 날씨와 대비되는 붉은 색감으로 실내 분위기를 따뜻하게 바꿔주죠. 멕시코 외교관 조엘 로버트 포인세트가 미국으로 가져가 널리 알려져 그의 이름을 따 '포인세티아'라 부르게 됐습니다. 포인세티아의 붉은 부분은 꽃이 아닌 잎이며, 실제 꽃은 중심부에 작게 자리하고 있습니다. 낮보다 밤이 긴 겨울에 잎이 빨간색으로 변하는 단일 식물로, 낮이 길어지는 봄이 되면 빨갛게 변했던 잎은 다시 초록색으로 돌아갑니다. 최근에는 빨간색 잎 외에도 분홍색, 형광색 잎을 가진 새로운 품종들이 유통되고 있습니다.

겉흙이 말랐을 때

간접광이 제일 좋아요

20~26℃

물 주기
보통 겉흙이 마르면 물을 줍니다. 겨울에는 흙이 안쪽까지 마른 것을 확인하고 물을 줍니다. 잎에 물이 닿으면 곰팡이가 생길 수 있으니 잎에 물이 닿지 않도록 주의합니다.

햇빛
반양지 식물입니다. 실내 간접광이 충분히 드는 공간에서 관리하는 것이 좋습니다. 잎이 크고 건강하게 자라기 위해서는 하루 5시간 이상 햇빛을 충분히 받아야 합니다.

온도
20~26℃에서 키워주세요. 자생지인 멕시코와 비슷한 환경을 좋아합니다. 겨울에도 10℃ 이상을 유지할 수 있는 곳에서 관리해주세요. 낮은 기온에서 찬바람을 맞으면 잎이 단숨에 시들 수 있으니 주의합니다.

관리 TIP!

① 붉은 잎
포인세티아는 낮보다 밤이 길어야 꽃이 피는 단일 식물입니다. 붉게 물든 포인세티아를 만들고 싶다면 약 50일 동안 매일 12시간 이상 완벽히 차광된 환경에서 관리해야 꽃대가 올라오면서 붉은 포엽이 발생합니다.

② 과습 주의
잎이 노랗게 변하며 시드는 증상은 대표적인 과습의 증상입니다. 새잎이 더 이상 돋아나지 않고 색이 변하며 상한 잎을 당겼을 때 쉽게 떨어진다면 물 주기를 중단해야 합니다. 그리고 흙이 빨리 마를 수 있도록 조치하거나 분갈이를 통해 마른 흙으로 바꿔주세요.

황홀한 보라색 꽃

라벤더

학명 : *Lavandula* spp.　│　자생지 : 지중해 일대　│　종류 : 꿀풀과, 다년생 초본

LEVEL
𝄐𝄐𝄐𝄐𝄐

'기대' '침묵'이라는 꽃말을 지닌 식물로, 독특한 향기와 보라색 꽃의 화려한 색감으로 한 번 보면 누구나 소유하고 싶게 만드는 매력을 가지고 있습니다. 매년 6월 고성, 광양, 제주 등 우리나라 각지에서도 라벤더 축제가 열릴 만큼 많은 사랑을 받는 식물입니다. 라벤더 향은 불안 증상을 완화시키고 숙면에 도움을 주는 것으로 알려져 있으며, 식용이 가능한 품종도 있어 다방면으로 활용하고 있습니다. 라벤더의 이름을 딴 '라벤더색'이 1796년부터 사용됐을 만큼 보라색을 대표하는 식물입니다.

겉흙이 말랐을 때   햇빛을 좋아해요   15~25℃

물 주기
보통 겉흙이 충분히 마른 것을 확인하고 물을 줍니다. 기온이 낮은 겨울에는 흙이 안쪽까지 마른 것을 확인하고 물을 줍니다. 물이 부족하거나 지나치게 많은 경우, 모두 잎이 처지는 현상을 보입니다. 주기적으로 잎과 흙 상태를 점검하고 물을 주는 것이 좋습니다.

햇빛
햇빛을 좋아하는 양지 식물입니다. 햇빛이 충분한 환경에서 건강하게 자랍니다. 여름철 직사광선을 받아도 크게 문제가 생기지 않지만, 급작스러운 환경 변화는 피해주세요.

온도
15~25℃에서 관리해주세요. 추위에는 비교적 약한 편입니다. 겨울에도 영하로 떨어지지 않는 환경에서 관리하는 것이 좋습니다.

관리 TIP!

① **분무**
습도가 높은 환경에 약합니다. 잎 혹은 공중에 분무하지 않는 것이 좋습니다.

② **빛의 방향**
빛이 있는 방향으로 자라는 성질이 강합니다. 실내에서 관리하는 경우, 해가 있는 방향을 따라 주기적으로 화분을 돌려가며 골고루 빛을 받을 수 있도록 관리하는 것이 좋습니다.

③ **반려동물**
반려동물이 섭취하면 구토, 가려움 등의 증상을 일으킬 수 있으니 반려동물이 먹지 않도록 주의합니다.

CASE 5	"안쪽 잎이 점점 말라가요"

◈ 상담 분류 : 바람 ◈ 상담 식물 : 라벤더

no 1.
상담 내용

라벤더를 키우고 있는 집사입니다.
식물을 입양할 때부터 잎이 조금 거뭇거뭇하긴 했는데,
아래쪽 잎이 점점 말라가는 것 같아서 연락드렸어요.
이러다 고사하는 건 아닌지 걱정됩니다.

라벤더를 기르는 환경
1 입양 뒤 화분으로 옮겨 심은 지 2주 정도 됐습니다.
2 향이 좋아서 안방에 뒀고, 하루 3~4시간 정도 해를 받습니다.
3 물은 흙을 만졌을 때 마른 경우에 줬어요.

no 2.
리피의 처방전

라벤더와 같은 허브 식물은
빛과 통풍, 물 주기 세 박자가 모두 중요해요.
강한 빛을 오래 받으면서, 원활한 통풍과 함께
과습도 건조도 아닌 물 주기를 해줘야 한답니다.
그래서 허브 식물은 실내에서 키우기에
최상의 난이도라고 할 수 있어요.

라벤더에 적절한 환경은
1 남향 베란다와 같이 빛이 지속적으로 잘 드는 곳에서 키워주세요.

2 창문을 항상 열어 공기가 지속적으로 순환되는 곳이 좋습니다.

3 배수가 아주 잘 되는 토분과 토양에 식재해 물을 자주 주세요!
빛과 통풍, 배수가 모두 원활한 곳이라면 물을 자주 주어도
과습 걱정이 줄어듭니다.

잎 정리와 가지치기

실내에서 창을 열어 통풍이 원활하게 해주는 것은 한계가
있답니다. 적절한 가지치기와 잎 정리를 통해 바람이 잘 지나갈
수 있도록 해주세요. 마른 잎은 최대한 빠르게 정리하고,
가지가 서로 뭉쳐있는 부분이 없도록 가지치기를 자주 해주세요!

no 3.
더 알아보기

이미 안쪽이 까맣게 말랐다면

1 마른 잎은 모두 제거해주세요.

2 앞에서 설명한 라벤더에게 적절한 환경으로 서서히
이동해주세요.

3 적절한 환경에서 새잎이 잘 나오는지 지켜봐주세요.

앙증맞은 노란 꽃

양골담초(애니시다)

학명 : *Cytisus scoparius* | 자생지 : 유럽 | 종류 : 콩과, 낙엽 관목

LEVEL

봄의 절정에 개화를 시작하는 봄의 대표 식물입니다. 작지만 풍성하게 피어나는 노란색 꽃과 바람을 따라 풍겨오는 상큼한 레몬 향이 특징입니다. '겸손'이라는 꽃말을 가지고 있으며, 일반적으로 '애니시다'라는 이름으로 유통되고 있지만 '양골담초'가 정확한 표현입니다. 꽃이 피고 진 뒤에는 콩과 비슷한 작은 열매가 열립니다. 열매에는 독성이 있으니 함부로 먹지 않도록 주의합니다.

과습은 금물   간접광이 제일 좋아요   15~20℃

물 주기

물을 좋아하지만, 과습에 취약합니다. 꽃이 피지 않는 시기에는 겉흙이 완전히 말랐을 때 물을 줍니다. 꽃눈이 맺혀있을 때에는 흙이 바싹 마르기 전에 물을 줍니다. 꽃이 피는 시기에 흙 마름이 오래 지속되면 꽃봉오리가 마르고 개화하지 못하는 경우가 생깁니다.

햇빛

햇빛을 충분히 받을 수 있는 환경을 선호합니다. 빛을 오래 받을수록 더 풍성하고 건강하게 자랄 수 있습니다. 다만, 한여름 직사광선은 잎을 검게 만들 수 있으니 피해주세요.

온도

15~20℃에서 관리해주세요. 추위에 약한 편이기 때문에 겨울에도 최소 5℃ 이상 유지할 수 있는 공간에서 관리하는 것이 좋습니다.

관리 TIP!

① 빛

빛이 부족한 곳에서는 꽃대가 생기지 않고 잎만 무성하거나 꽃이 개화하기 힘들 수 있습니다. 항상 빛이 잘 드는 창가나 베란다 환경에서 관리합니다.

② 분갈이 주의

뿌리가 예민한 식물로, 분갈이로 인한 스트레스를 받기 쉽습니다. 분갈이할 때는 가급적 뿌리에 묻은 흙을 털지 말고 그대로 옮기는 것이 좋습니다. 잔뿌리의 손상을 최소화해야 분갈이할 때 스트레스를 받지 않습니다.

시큼한 열매
레몬나무

학명 : *Citrus limon* │ 자생지 : 동남아, 지중해 일대 │ 종류 : 운향과, 상록 관목

LEVEL
🌿🌿🌿🌿🌿

큼직하고 탐스러운 열매가 열리는 레몬나무는 '성실한 사랑'이라는 꽃말을 가지고 있습니다. 열매가 열리는 식물에 대한 관심이 높아지면서 비교적 최근에 인기 식물로 급상승했습니다. 보는 즐거움과 수확의 기쁨을 동시에 느낄 수 있는 식물이지만, 열매 수확을 위해선 세심한 관리가 필요합니다. 수확한 레몬은 식용 가능하나, 식용만을 목적으로 재배한 레몬보다 산미나 당도가 떨어져 먹기에 적합하지 않는 경우가 많습니다.

겉흙이 말랐을 때

햇빛을 좋아해요

22~30℃

물 주기

흙 상태를 반드시 확인하고 겉흙이 완전히 말랐을 때 물을 줍니다. 기온이 낮은 겨울에는 흙이 안쪽까지 충분히 말랐을 때 물을 줍니다. 과습과 건조 모두 신경 써야 합니다.

햇빛

햇빛을 좋아하는 양지 식물입니다. 하루 종일 햇빛을 충분히 받을 수 있는 환경에서 관리해주세요. 하루 5시간 이상 충분한 빛을 받지 못하면 성장이 느리고 열매가 떨어질 수 있습니다.

온도

22~30℃에서 키워주세요. 추위에 약한 편이기 때문에 겨울에도 최소 10℃ 이상 유지되는 환경에서 관리해주세요. 5℃ 이하의 온도에서는 성장을 멈추고 잎이 시들 수 있습니다.

관리 TIP!

① 해충 예방

진딧물, 응애 등의 해충이 비교적 쉽게 생기는 식물입니다. 항상 바람이 잘 통하는 곳에서 관리합니다. 벌레가 생기기 전, 주기적으로 미리 해충제를 사용해 예방하면 좋습니다.

② 물 부족 신호

잎이 힘없이 처진다면 물이 부족하다는 신호일 확률이 높습니다. 처진 잎을 발견했다면 흙 상태를 확인하고 충분히 물을 주도록 합니다.

③ 가시 제거

레몬나무 줄기에는 가시가 생길 수 있습니다. 성장하면서 자연스럽게 사라지기도 하지만, 식물의 생장에 영향을 끼치지 않기 때문에 제거해도 문제 없습니다.

물을 좋아하는 꽃

수국

학명 : *Hydrangea macrophylla* │ 자생지 : 동아시아 │ 종류 : 수국과, 낙엽 관목

LEVEL
🌱🌱🌱🌱🌱

500여 종이 넘는 세부 품종과 개량종이 존재하며 종류에 따라 다양한 색상과 꽃 모양으로 무궁무진한 아름다움을 보여주는 식물입니다. 토양 산성도에 따라 꽃의 색이 바뀌며 일반적으로 산성 토양에서는 푸른 계열의 꽃을, 염기성 토양에서는 붉은 계열의 꽃을 피웁니다. 우리나라의 여름을 대표하는 꽃으로, 매년 6~7월에는 전국 곳곳에서 수국 축제가 열리며 특히 남부 지방에서 군락을 이뤄 노지에서 나고 자랍니다. 실내 환경에서는 물 주기가 다소 까다롭고 환경 변화에 예민해 세심한 관리가 필요합니다.

과습은 금물

햇빛을 좋아해요

18~25℃

물 주기

물을 좋아하지만 과습에 주의해야 합니다. 개화 기간에는 겉흙이 완전히 마르기 전에 물을 줍니다. 꽃이 없는 시기에는 겉흙이 충분히 말랐을 때 물을 줍니다. 물 조절이 다소 어렵기 때문에 흙 상태를 세심하게 확인하는 것이 가장 좋습니다. 햇빛이 강하지 않을 때 꽃에 직접 물을 줘도 좋습니다. 실제로, 절화로 판매되는 수국의 물올림을 할 때에는 물속에 담가주기도 한답니다.

햇빛

빛을 좋아하는 양지 식물입니다. 항상 햇빛을 충분히 받을 수 있는 환경에서 관리해야 합니다. 야외에서 나고 자란 수국이라면 여름철 직사광선을 받아도 문제없지만, 실내 환경에서 나고 자란 수국은 여름철 직사광선을 피해야 합니다. 빛이 잘 드는 환경으로 옮길 때는 적응 기간을 가지고 서서히 옮깁니다.

온도

18~25℃에서 관리해주세요. 27℃가 넘어가는 고온이 지속되는 환경에서는 잎이 쉽게 마르고 시드는 모습을 보이므로, 27℃가 넘어가는 더운 환경은 피하는 것이 좋습니다. 내년에도 꽃을 보고 싶다면 가을·겨울철 미리 실외, 저온에 노출시켜 겨울눈으로 겨울을 나게 해주세요. 다음 해에 새로운 잎과 꽃대를 올린답니다.

관리 TIP!

① 꽃대 관리

꽃이 지고 남은 꽃대는 자르는 것이 좋습니다. 꽃대 제거는 불필요한 영양분 소모를 줄이고, 새로운 가지가 자라 다음에 더욱 풍성한 꽃이 피도록 합니다.

② 꽃색

푸른색 또는 붉은색의 꽃이 시간이 지나며 점차 초록색으로 변하는 것은 오래된 꽃이 지는 자연스러운 현상입니다. 꽃색이 초록색으로 서서히 변해가면 다음 해에 꽃이 피기를 기다려주세요.

꽃의 여왕

장미

학명 : *Rosa* spp. │ 자생지 : 유럽, 아시아 │ 종류 : 장미과, 낙엽 관목

LEVEL

'꽃의 여왕'이라는 별명을 가졌으며, 주로 사랑을 표현할 때 선물하는 특별한 식물입니다. 꽃의 색상에 따라 각기 다른 꽃말을 가지고 있습니다. 꽃다발이나 화환을 만들기 위한 절화 형태로 판매되는 경우가 많습니다. 최근에는 화분에 심겨진 분화 형태로도 판매돼 실내에서 장미를 기르는 즐거움을 느낄 수 있습니다. 하지만 실내 환경에서는 관리가 어렵기 때문에 각별한 주의가 필요합니다.

과습은 금물

햇빛을 좋아해요

24~27℃

물 주기

물을 좋아하지만 과습에 주의해야 합니다. 개화 기간에는 겉흙이 완전히 마르기 전에 물을 줍니다. 그 외의 기간에는 겉흙이 완전히 말랐을 때 충분히 물을 줍니다. 물 조절이 다소 어렵기 때문에 흙 상태를 세심하게 확인하는 것이 가장 좋습니다.

햇빛

빛을 좋아하는 양지 식물입니다. 햇빛을 충분히 받을 수 있는 환경에서 관리합니다. 품종에 따라 조금씩 다르지만, 대부분 간접광보다는 직사광선을 더 좋아합니다. 빛을 오래 받을수록 더 풍성한 꽃이 핍니다.

온도

낮에는 24~27℃, 밤에는 15~18℃에서 관리해주세요. 30℃ 이상의 고온이 지속되는 환경은 피해야 합니다. 꽃이 오래 지속되지 못하고 금방 시들 수 있습니다.

관리 TIP!

① **물 주기**   물을 줄 때 꽃에 물이 닿지 않도록 하는 것이 좋습니다. 곰팡이가 발생하고 꽃이 금방 시드는 원인이 될 수 있습니다.

② **가지치기**   양분을 낭비하지 않도록 시든 꽃과 잎은 빠르게 제거하는 것이 좋습니다.

Part 3.

식물 집사의
처방전

초보 식물 집사를 위한
Q&A

식물 집사 리피는 상담 채널을 통해 식물을 사랑하는 모든 집사들과 식물 관련 상담을 진행하고 있습니다. 축적된 상담 데이터를 바탕으로 식물 집사들이 가장 많이 궁금했던 질문들! 그중에서도 초보 식물 집사부터 베테랑 식물 집사까지, 모두에게 도움될 만한 질문들을 선정해 문답 형태로 안내드립니다.

 ## "식물이 죽는 이유는 무엇인가요?"

 식물이 죽는 데는 여러 가지 원인이 있습니다. 오랜 기간 물을 주지 않아서, 물을 너무 자주 줘서, 찬바람을 맞아서, 주변 온도가 너무 높아서, 병에 걸려서 등 나열하자면 끝없이 언급할 수 있을 정도로 다양합니다. 식물을 죽이지 않고 건강하게 관리하기 위해서는 꼭 알아야 할 것이 있습니다. 식물도 인간과 같이 살아 숨 쉬는 생명체라는 사실입니다. 사람도 너무 오래 굶거나, 지나치게 많이 먹거나, 견디기 어려운 환경에 노출되면 몸에 이상이 생기거나 죽을 수 있듯이 식물도 마찬가지입니다. 식물도 사람과 같이 하나의 생명체라는 사실을 기억한다면 식물이 왜 죽는지 조금 더 쉽게 이해할 수 있습니다. 실내에서 관리하는 식물이 죽는 대표적인 이유를 함께 살펴볼까요?

① 토양의 건조
너무 오랜 기간 물을 주지 않은 경우

식물은 살기 위해 광합성 작용을 합니다. 광합성 작용을 통해 식물이 필요한 에너지를 만들어내는데, 여기에 꼭 필요한 세 가지 요소가 있습니다. 바로 '물' '빛' '이산화 탄소'입니다. 자연 상태에서는 식물 스스로 이 세 가지를 모두 얻을 수 있지만, 실내 환경에서는 그렇지 않습니다. 특히 물은 실내 환경에서 자라는 식물 스스로 절대 얻을 수 없습니다. 그렇기 때문에 적절한 시기에 적절한 양의 물을 공급하는 것은 아주 중요합니다. 너무 오랜 기간 물을 주지 않으면 식물은 광합성 작용을 진행할 수 없습니다. 광합성이 이뤄지지 않으면 식물이 필요한 에너지를 만들지 못하겠죠. 식물을 구성하는 세포도 물로 구성돼있습니다. 수분 공급이 이뤄지지 않으면 세포는 파괴됩니다. 그런 과정을 겪으며 식물이 말라 죽는 것입니다.

② 토양의 과습
물을 너무 자주, 또는 너무 많이 주는 경우

식물은 살기 위해 물이 반드시 필요하지만, 너무 과한 경우 죽을 수 있습니다. 마치 사람이 과식을 하면 탈이 나는 것과 같죠. 식물은 뿌리를 통해서도 호흡합니다. 흙 속에는 입자 사이사이에 아주 작은 공간들이 존재하는데, 이 공간들 사이에 있는 공기를 뿌리에서 흡수하죠. 하지만 지나친 물 주기로 인해 흙이 계속 젖어있는 경우, 흙 속 공간이 사라져 뿌리가 숨을 쉬지 못하고 썩게 됩니다. 뿌리에 문제가 생기면 물과 영양분을 식물에게 공급하는 데 문제가 생기죠. 더욱이 한 번 썩거나 문제가 생긴 뿌리는 즉각 조치를 취하지 않으면 다시 회복하기가 어렵습니다. 문제는 육안으로 흙 속에 있는 뿌리의 상태를 확인하기 어려워, 증상에 대한 즉각적인 조치를 취하기가 어렵다는 겁니다. 잎이나 줄기에 증상이 나타나면 이미 뿌리가 많이 상해 회복이 어려운 경우가 많습니다. 실내 환경에서 관리하는 식물이 오랜 기간 물을 주지 않아서 말라 죽는 경우보다 물을 너무 많이 줘서 죽는 사례가 더 많은 이유가 바로 이 때문입니다. 그래서 항상 화분 속 흙이 충분히 말랐는지 확인하고 물을 줘야 식물이 과습으로 죽는 것을 방지할 수 있습니다.

③ 온도
너무 낮거나 높은 온도에 노출된 경우

각 나라마다, 지역마다, 기후마다 서식하는 식물의 종류와 특징이 전부 다르죠. 특히 식물은 온도 변화에 민감합니다. 그래서 식물의 특성을 잘 알고, 그에 맞는 온도를 유지하는 것이 가장 좋습니다. 어떤 식물은 영하 10℃의 온도도 견딜 수 있지만, 어떤 식물은 영하의 온도에 아주 잠깐만 노출돼도 문제가 생길 수 있기 때문이죠. 우리가 실내에서 기르는 식물의 대부분은 실내 환경에서 유지할 수 있는 온도라면 문제가 없습니다. 하지만 5℃ 이하로 내려가는 추운 온도나 30℃ 이상으로 올라가는 너무 더운 온도에는 견디기 어려운 경우가 많죠. 문제없이 성장할 수 있는 적정 온도와 견딜 수 있는 최저 온도를 모두 알고 있다면 식물을 관리하는 데 큰 도움이 됩니다. 해당 식물의 자생지를 찾아보면 대략적인 식물의 적정 온도를 알 수 있습니다.

④ 병해충
병이나 해충으로 인해 피해를 입는 경우

사람도 병에 걸리듯 식물도 병해충에 감염될 수 있습니다. 병해충이 발생한 식물에 적절한 조치를 취하지 않는다면 죽을 수 있습니다. 병해충은 잠복하다 특정한 조건에서 나타나기도 하고, 외부로부터 옮겨오기도 하는 등 여러 가지 원인으로 나타납니다. 우리가 실내에서 기르는 식물의 대부분은 병해충에 견디는 성질이 강해 병해충이 발생하더라도 쉽게 죽지 않습니다. 다만, 이를 방치해 그 범위나 규모가 지나치게 커진 경우에는 식물이 점점 생기를 잃고 마르거나 물러서 죽는 상황이 발생할 수 있습니다. 항상 식물에 관심을 가지고 지켜보며 증상이 나타나면 즉각적으로 원인에 따른 적절한 방법을 통해 처방을 내리는 것이 매우 중요합니다.

Q

"식물이 스트레스를 받는 이유는 무엇인가요?"

A

만병의 근원은 스트레스! 이는 사람에게만 적용되는 것이 아니라 식물에게도 동일하게 적용됩니다. 식물은 환경 변화에 민감해, 급격한 환경 변화가 일어날 때 스트레스를 받습니다. 따뜻한 환경에서 갑자기 서늘한 환경에 노출되며 급격한 온도 변화를 겪는 경우, 오래된 흙을 덜어내고 새 흙으로 분갈이하는 경우, 급격한 빛의 변화를 겪는 경우 등이 대표적인 사례입니다.

가벼운 스트레스라면 잎을 살짝 떨어트리는 정도로 끝내고 다시 환경에 적응해 문제없이 성장합니다. 하지만 급격한 온도 변화가 지속적으로 발생하거나, 분갈이 과정에서 강한 외부의 충격을 받거나, 뿌리에 손상이 일어난 경우에는 지속적으로 잎을 떨어트리고 뿌리와 잎이 제 기능을 하지 못할 수 있습니다. 뿌리와 잎이 제 기능을 하지 못하면 식물은 결국 죽게 됩니다.

식물이 받는 스트레스를 줄이기 위해서는 최대한 온도 차이가 크게 나는 환경으로 옮기지 않는 것이 좋습니다. 불가피하게 옮겨야 한다면, 온도에 천천히 적응할 수 있도록 시간을 두고 옮겨야 합니다. 또한 분갈이를 할 때 뿌리 손상을 최소화하고 기존 화분의 환경을 유지할 수 있도록 뿌리에 붙어있는 흙은 최대한 털지 않고 진행하는 것이 좋습니다.

Q

"잎과 줄기가
갑자기 축 처지는데,
왜 그럴까요?"

갑자기 잎과 줄기가 처지는 이유는 대부분 물이 부족하기 때문입니다. 식물은 뿌리에서 흡수하는 물의 양이 부족할 경우, 자신의 몸이 보관하고 있던 물을 사용합니다. 그러다 보면 물이 과도하게 빠져나가 잎과 줄기가 광합성과 증산 작용을 원활히 진행하지 못하게 되죠. 그 결과, 힘없이 늘어지고 처지게 됩니다. 사람이 밥을 오랜 기간 먹지 못하면 마르고 힘이 없어지는 것과 비슷합니다.

평소보다 잎과 줄기가 살짝 처진 모습을 보인다면 바로 흙 상태를 확인하세요. 흙이 바짝 말라 있다면 물이 부족한 상황일 확률이 높습니다. 보통 물이 부족해 잎이나 줄기가 살짝 처지는 경우에는 물을 충분히 주면 금방 본래의 모습으로 돌아옵니다. 하지만 물이 부족해 잎과 줄기가 늘어진 상태에서도 수분 보충이 이뤄지지 않는다면 잎이 노랗게 시들고 마르니 주의해주세요.

빛이 너무 부족한 환경에서 자라 잎과 줄기가 지나치게 웃자라는 경우에도 잎과 줄기가 처지는 현상이 나타날 수 있습니다. 식물은 빛이 부족한 환경에서 빛을 더 많이 받기 위해 줄기를 길게 만들어 키를 키우고 잎을 크게 만드는 특성이 있습니다. 크기에 비해 줄기가 지나치게 길게 자라거나 잎이 너무 크게 자란다면 스스로의 무게를 이기지 못하고 처지는 경우가 종종 발생합니다.

이를 방지하기 위해 지주대를 세워 줄기와 잎을 고정하거나, 지나치게 웃자라 보기 좋지 않은 줄기와 잎은 과감하게 자르는 것이 좋습니다. 웃자란 줄기와 잎을 잘라내고 빛이 충분한 환경에서 관리한다면 다시 건강하게 성장한 식물과 마주할 수 있습니다.

Q "식물에 벌레가 생겼어요"

자연에서 식물과 흙은 수많은 벌레의 안식처이자 먹이를 수급할 수 있는 서식지입니다. 그렇다 보니 실내 환경에서 화분에 관리하는 식물에도 벌레가 생길 수 있습니다. 물론 대부분의 식물은 분갈이하는 과정에서 살균 처리된 원예용 상토를 사용하고 재배 과정에서 관리를 통해 벌레가 생기는 것을 방지합니다. 벌레가 생기더라도 살충 처리를 통해 벌레를 박멸합니다.

하지만 통풍이 원활하지 못하고 지나치게 건조하거나, 반대로 지나치게 습한 환경에서는 특정 해충들이 발생할 수 있습니다. 실내 식물에 주로 발생하는 해충은 응애, 깍지벌레, 작은뿌리파리, 진딧물 등이 있습니다. 실내 식물에 해충이 발생한다 해도 사람에게 해를 끼치는 것도 아니고 식물이 바로 죽는 것도 아닙니다. 하지만 앞서 언급한 해충은 식물의 잎과 줄기, 뿌리에 붙어 식물의 즙액을 빨아 먹고 성장합니다. 번식력도 뛰어나 반드시 빠른 박멸이 필요합니다. 외관상 보기에도 안 좋고요!

초기 단계이며 숫자가 많지 않다면 직접 닦아내거나 잡고 통풍을 원활하게 해서 습도와 온도를 적절히 유지하는 방법으로 금방 박멸할 수 있습니다. 식물에 끼치는 피해도 미비하기 때문에 크게 걱정하지 않아도 됩니다. 하지만 닦아내거나 잡아도 지속적으로 발생하거나, 그 수와 발견되는 범위가 커지는 경우라면 시중에서 판매하는 해충제로 벌레를 제거해야 합니다.

해충제의 화학 성분이 걱정되거나 혹은 반려동물이나 어린아이가 있어 사용이 꺼려진다면 집에 있는 재료로 간단하게 벌레 박멸에 효과적인 친환경 해충제를 만들어 사용할 수도 있습니다. 다만, 친환경 해충제의 경우 화학 성분이 들어간 해충제에 비해 효과가 단번에 나타나지 않기 때문에 반복해서 사용해야 합니다.

과산화수소수를 이용한 친환경 해충제 만들기
① 과산화수소수와 물의 비율을 1:20으로 희석한다.
② 해충이 있는 잎 또는 흙에 5~10일 간격으로 분무한다.

진딧물에 효과적인 난황유 만들기
① 달걀노른자 한 개 + 물 100ml를 3분간 믹서기로 간다.
② ①의 용액 + 카놀라유(해바라기씨유) 60ml를 넣고 3분간 믹서기로 간다.
③ 만들어진 난황유 원액②는 경우에 따라 다음과 같이 희석해 사용한다.
  * 치료 목적의 경우, 0.5%(1:물 200배) 비율로 희석해 5~7일 간격으로 사용한다.
  * 예방 목적의 경우, 0.3%(1:물 300배) 비율로 희석해 10~14일 간격으로 사용한다.
④ 안정성은 낮으나 난황유는 마요네즈로 대체해 사용할 수 있다(희석비는 ③과 동일).
⑤ 난황유는 쉽게 변질되기 때문에 장시간 보관하지 말고 가급적 빨리 사용하는 것이 좋다.

출처 : 농촌진흥청 농업기술과학원

**"잎이 까맣게
타들어가고
까만 반점이 생겼어요"**

 잎이 까맣게 타들어가는 현상은 주로 과습과 강한 햇빛으로 인해 발생
합니다. 과습으로 인한 피해는 흙이 마르지 않아 산소 공급이 차단되
면서 뿌리가 호흡하지 못하는 경우에 발생합니다. 뿌리의 기능에 이상
이 생기면 뿌리가 물을 정상적으로 끌어올리지 못합니다. 수분을 전달
받지 못하게 된 잎은 검은 반점이 생기거나 끝에서부터 검게 변하며 시
들어갑니다.

만약 잎에 검은 반점이 생기며 점점 커지는 경우나 끝에서부터 검게 변
하는 잎이 점점 많아지는 경우에는 과습을 의심할 수 있습니다. 다만,
과습의 증상은 잎이 처지거나 잎을 노랗게 만드는 등 다양한 이상 증상
으로도 나타나기 때문에 잎이 까맣게 변한다면 과습으로 단정하기 전
에 흙 상태를 먼저 확인해야 합니다.

강한 햇빛에 장시간 노출된 경우에도 잎이 까맣게 변할 수 있습니다.
햇빛이 지나치게 강한 장소에서는 물을 사용하는 광합성 작용이 활발
해져 수분 소모를 촉진합니다. 잎에 수분이 부족해지면 잎이 검게 변해
손상될 수 있습니다. 그러므로 식물은 각자 특성에 맞게 적절한 햇빛을
받을 수 있는 장소에서 관리해야 합니다.

Q "식물과 함께하는 겨울, 어떻게 준비해야 할까요?"

 우리나라의 추운 겨울은 따뜻한 환경을 좋아하는 식물들에게는 가혹한 계절입니다. 특히 우리가 실내에서 관리하기 쉽고 또 많이 접하는 식물들 대부분이 일년 내내 따뜻한 환경에서 자생하는 식물입니다. 그래서 추운 겨울 환경에 노출될 경우 문제가 생기기 쉽습니다. 또 낮보다 밤이 훨씬 길고 기온이 가장 낮은 겨울철 날씨는 봄, 여름, 가을과는 다르게 식물을 특별히 더 관리해야 필요가 있습니다.

가장 먼저 식물이 어떤 특성을 가지고 있는지 파악해야 합니다. 이는 앞서 이야기한 것처럼 식물의 자생지를 확인하면 좋습니다. 자생지의 기후가 우리나라와 비슷하다면 겨울나기가 크게 어렵지 않지만, 적도와 가까운 지역에서 자생하는 열대 식물의 경우에는 조금만 추운 환경에 노출되도 문제가 생길 수 있으니 주의해야 합니다.

그다음으로는 실내 환경을 파악해야 합니다. 베란다, 거실, 안방과 같이 구분되는 실내 공간에서 느껴지는 미세한 온도 차이가 식물에게는 큰 차이로 다가올 수 있습니다. 추위에 약한 식물과 강한 식물을 구분한 다음, 같은 위치에서도 문제없이 겨울을 날 수 있을지 파악해주세요. 장소를 옮겨야 한다면 식물이 놓일 공간의 온도와 채광 정도를 파악해야 합니다. 이때는 급격한 환경 변화에 주의하세요. 빛이 풍부한 곳에서 갑자기 빛이 지나치게 부족한 공간으로 옮겨지는 경우나 서늘한 환경에서 갑자기 너무 따뜻한 공간으로 옮겨지는 경우, 온도 변화에 민감한 식물은 잎이 떨어지거나 노랗게 변하는 등의 증상이 나타날 수 있습니다. 하지만 겨울이라고 하더라도 온실과 같이 온도와 습도를 일정하게 유지할 수 있는 공간이나, 다른 계절과 온습도나 일조량 변화가 크지 않은 공간이라면 평소와 동일하게 관리해도 문제가 없을 확률이 높으니 이 경우에는 크게 걱정하지 않아도 됩니다.

겨울철에는 물 주기에도 변화가 필요합니다. 따뜻한 온도와 높은 일조량으로 물이 빠르게 증발하는 봄, 여름과 달리 해가 짧아지고 기온이 점점 내려가는 가을과 겨울에는 수분 증발량이 적어져 흙이 천천히 마르기 때문이죠. 겉흙(화분 전체의 흙 중 표면으로부터 10% 지점까지의 부분)만 확인하고 물을 주게 되면 젖은 속흙은 과습으로 뿌리 아랫부분부터 썩을 수 있습니다. 기온이 더욱 내려가면 식물의 성장이 멈추거나 느려져 식물이 필요로 하는 물의 양이 줄어들고 뿌리의 수분 흡수량도 줄게 됩니다. 그러므로 흙이 안쪽까지 충분히 말랐는지 확인하고 물을 주는 것이 좋습니다.

화분 깊숙한 부분의 흙은 직접 확인하기가 어렵습니다. 이럴 때는 나무 막대나 나무젓가락 등의 간단한 도구를 이용할 수 있습니다. 나무 재질의 긴 막대를 속흙을 확인할 수 있는 지점까지 깊숙하게 찔러 넣고 5분 뒤 꺼냅니다. 막대를 꺼내면서 막대의 젖은 정도와 묻어나오는 흙의 젖은 정도를 직접 손으로 만져 파악하면 보다 정확하게 흙의 상태를 점검할 수 있습니다.

겨울에는 식물에게 물을 주기 전, 하루에서 반나절 정도 미리 받아두고 실온과 비슷한 온도로 맞춰진 물을 주는 것이 좋습니다. 실내 온도와 온도 차이가 큰 차가운 물을 갑자기 식물에게 주면 온도 변화에 민감한 식물은 뿌리에 저온 피해를 입을 수 있습니다. 겨울에는 해가 진 다음 물을 주면 젖은 흙이 빠르게 차가워질 수 있습니다. 특히 베란다 월동을 하는 식물에게 밤에 물을 줄 경우, 밤사이 갑작스러운 한파로 인해 온도가 영하로 떨어지고 흙이 얼어 뿌리가 손상을 입는 경우가 발생할 수 있습니다. 이러한 피해를 방지하기 위해서는 가급적 하루 중 온도가 가장 높은 낮 시간에 물을 주는 것이 좋습니다.

베테랑 식물 집사의
TIP

이제 막 초보 식물 집사에서 벗어난 당신, 보다 건강한 식물 관리를 위해 이제는 조금 더 전문적인 정보와 꿀팁이 필요한 순간입니다. 베테랑 식물 집사 리피가 살포시 전해주는 식물 관리 심화 과정 꿀팁을 소개합니다.

내 반려식물이 반려동물에게
위험한지 알아보는 법

실내 공간에서 반려동물과 반려식물 모두와 함께 생활하는 분들이 많습니다. 강아지나 고양이가 식물과 함께 있는 경우, 식물을 먹거나 식물을 가지고 장난치는 경우가 흔하게 발생합니다. 그렇기 때문에 기본적으로 반려식물은 반려동물의 관심이 닿지 않는 곳에서 관리하는 것이 가장 좋습니다. 하지만 그 전에! 내가 들인 또는 들일 예정인 식물이 반려동물에게 해로운지 아닌지 미리 알고 있다면 큰 도움이 되겠죠? 식물의 독성 여부를 판단하는 꿀팁을 소개합니다.

미국 동물보호협회 ASPCA(American Society for the Prevention of Cruelty to Animals)의 홈페이지를 통해 특정 식물이 동물에게 해로운지 아닌지를 쉽게 찾아볼 수 있습니다. 검색 포털에 ASPCA를 검색해 ASPCA의 홈페이지에 접속합니다. 홈페이지에서 식물의 영문명 또는 학명을 검색하기만 하면 끝입니다. 간단하죠? 다만, 식물의 영문명이나 학명을 알아야 하기 때문에 독성 여부를 알고 싶은 식물은 미리 영문명이나 학명을 숙지해야 합니다.

영문명이나 학명을 알기 어려운 경우나 ASPCA 홈페이지를 통해 검색해도 관련 자료가 나오지 않는 경우라도 당황하지 마세요! 식물이 어떤 과에 속하는지, 어떤 목에 속하는지 안다면 독성 여부를 유추할 수 있습니다. 같은 과나 목에 속하는 식물은 정도의 차이는 있지만 비슷한 특성을 지니고 있기 때문입니다. 예를 들어, 몬스테라는 천남성과의 식물입니다. 천남성과를 대표하는 식물인 천남성은 강한 독성을 가진 식물입니다. 그렇기 때문에 같은 과에 속하는 몬스테라 또한 독성 성분을 포함할 확률이 높다고 유추할 수 있죠. 즉, 몬스테라를 포함한 천남성과의 식물은 반려동물이 쉽게 닿을 수 있는 곳에 두는 건 피해야 합니다. 이는 식물의 가진 특성을 유추할 수 있는 방법으로, 100% 정확하지는 않지만 특정 식물에 대한 정보를 찾기 어려울 때 유용하게 사용할 수 있답니다.

몬스테라 델리시오사 분류 체계

학명	Monstera deliciosa
생물학적 분류	계 : 식물계 문 : 속씨식물문 강 : 외떡잎식물강 목 : 천남성목 과 : 천남성과

공기 정화 효과가 입증된
고마운 식물들

식물이 공기 정화에 효과가 있다는 것은 널리 알려진 사실입니다. 하지만 어떤 원리로 공기를 정화하는지 모르는 분들이 많습니다. 쉽게 설명하자면, 식물은 공기 중의 오염 물질을 잎의 호흡과 증산 작용을 통해 흡수하고 뿌리로 전달합니다. 뿌리의 미생물은 흡수한 오염 물질을 미생물과 식물이 양분으로 사용할 수 있는 구조로 분해합니다. 이 과정을 통해 공기 중에 있던 오염 물질이 사라지게 되죠.

우리는 공기 정화 효과가 뛰어나다는 식물에 대한 정보를 쉽게 접할 수 있습니다. 특히 인터넷에서는 나사(NASA) 선정 공기 정화 식물 오십 가지 목록을 쉽게 찾아볼 수 있는데, 아레카야자, 관음죽, 인도고무나무 등 우리에게 익숙한 식물들이 순위에 뽑힌 것을 볼 수 있죠. 이 순위를 통해 공기 정화 효과가 뛰어난 식물을 판단하곤 합니다.

이 오십 가지 식물들이 공기 정화 효과가 뛰어난 것은 맞지만, 사실 알려진 것처럼 나사에서 선정한 것은 아닙니다. 1980년대, 나사는 식물이 공기 정화에 효과가 있는지 확인하기 위한 실험을 진행했습니다. 이 실험에는 B.C. 월버튼 교수가 참여했는데, 월버튼 교수는 스스로 추가적인 실험을 이어나가 그 결과를 담은 《사람을 살리는 실내공기정화식물 50(How To Grow Fresh Air)》라는 책을 출간합니다. 이 책에 실린 오십 가지 식물 목록이 나사 선정 공기 정화 식물 오십 가지 목록으로 알려진 것입니다.

이 책에 실린 식물 외에도 공신력 있는 실험을 통해 공기 정화 효과가 입증된 식물들을 찾아볼 수 있습니다. 농촌진흥청의 국립원예특작과

파키라

멕시코소철

박쥐란

월마

공기 정화 효과가 뛰어난 식물들

학원에서는 4년 동안 여러 종류의 식물을 대상으로 실험을 진행했습니다. 그 결과, 식물이 미세 먼지를 줄이는 데 효과가 있음을 과학적으로 밝히며 그 순위를 공개했습니다. 실험 대상 식물 중 효과가 뛰어난 상위 다섯 식물은 '파키라' '백량금' '멕시코소철' '박쥐란' '월마'입니다. 주로 잎 뒷면에 주름이 있는 형태 식물이 미세 먼지 제거에 더 높은 효과를 보였다고 합니다. 이렇듯 다양한 자료를 통해 실제로 공기 정화 효과가 뛰어난 식물들을 알아볼 수 있답니다. 공기 정화 효과가 뛰어난 식물을 찾고 있다면 참고에 도움이 될 겁니다.

식물, 번식하기

❶ 유성 생식

열매를 맺어 종자(씨앗)를 이용한 번식 방법

유성 생식은 식물의 가장 기본적인 번식 방법으로, 수정을 통해 종자를 만드는 방법입니다. '실생법'이라고도 하며, 종자를 통한 번식은 한 번에 많은 양의 묘목을 얻을 수 있고 저장과 운반이 용이하다는 장점이 있습니다. 하지만 유전적 변이가 생겨 기존 식물과는 다른 특성을 보이고, 식물에 따라 열매를 맺기까지 많은 시간이 소요된다는 단점이 있습니다.

종자를 심는 방법

열매가 충분히 익은 뒤 종자를 수확합니다. 종자를 종자 크기의 2~3배 깊이 흙 아래에 심고 충분한 물을 줍니다. 그런 뒤 적절한 온도와 습도의 환경에서 관리하며 종자에서 싹이 나기를 기다립니다.

주의 사항

종자가 단단한 껍질에 둘러싸인 경우, 내부의 연한 부분이 다치지 않도록 주의해 바깥 껍질을 제거하면 더 빠르게 발아를 할 수 있습니다. 종자를 구매해서 파종하지 않고 직접 열매에서 채종한 경우, 종자 껍질을 모두 벗겨낸 뒤 심어야 성공적으로 발아할 수 있습니다. 다만, 호광성 종자처럼 빛을 꼭 보아야만 발아하는 식물들도 있으니 종자를 식재하기 전 종자가 발아하기 위한 적절한 환경이 무엇인지 미리 알아두는 것이 좋습니다. 식물마다 종자의 영양 상태, 주변 환경 등에 따라 발아율에 조금씩 차이가 있을 수 있습니다. 구매한 종자를 사용하는 경우에는 발아율, 채종 시기 등을 미리 확인하도록 합니다.

❷ 무성 생식 **내가 키우는 식물의 일부로 진행하는 번식 방법**

무성 생식은 종자가 아닌 식물의 다양한 영양 기관을 이용해 번식하는 방법으로, 대표적으로 '삽목(꺾꽂이)' '물꽂이' 등이 있습니다. 유전적 변이가 거의 없고, 모(母)식물과 동일한 특징을 가질 수 있다는 장점이 있습니다. 또한 과실수의 경우, 열매를 단기간 안에 맺을 수 있습니다. 하지만 작물마다 성공률의 차이가 크고 저장과 운반이 어렵다는 단점이 있습니다.

무성 생식의 다양한 방법
① 꺾꽂이
주로 가지를 이용한 줄기 삽목 또는 물꽂이와 잎 자체에서 새로운 개체를 만드는 잎꽂이 등이 있습니다. 보통 삽목 시 온도는 20℃ 내외, 공중 습도는 높게 유지하는 것이 뿌리 내림에 도움이 됩니다.

· 줄기꽂이 : 가지치기를 진행한 뒤 남은 줄기 또는 번식을 위해 잘라낸 줄기를 이용해 꺾꽂이 토양(또는 수태, 질석)에 꽂아줍니다. 보통 잎은 세 개 이상 남기지 않는 것이 뿌리 내림에 효과적입니다. 잎이 아주 넓은 경우에는 잎을 잘라 광합성의 양을 줄이기도 합니다. 물을 끌어올리는 양은 적은데 잎이 많으면 물을 필요 이상으로 소모하게 돼 뿌리 내리기까지 오랜 시간이 걸리거나 죽기도 합니다.

· 잎꽂이 : 보통 금전수, 베고니아 같은 다육 식물들에게 가능한 번식 방법입니다. 잎자루를 제거한 잎이나, 잎을 나눠 잘라 토양이나 물에 꽂으면 잎에서 뿌리가 자라고 새로운 개체가 발달합니다.

② 취목

식물의 줄기를 흙에 묻거나 상처를 낸 뒤, 토양이나 수태로 감싸서 뿌리를 내려 분리하는 방법입니다.

· 휘묻이 : 보통 로즈메리나, 민트 또는 공기뿌리(기근)가 있는 식물들에게 가능한 번식 방법입니다. 분리해 새로운 개체로 만들고 싶은 줄기의 중간 부위를 흙에 묻습니다. 뿌리가 발달하면 줄기를 잘라내 새로운 개체로 키우는데, 단순한 휘묻이로 뿌리가 잘 발달되지 않은 경우에는 해당 줄기를 환상 박피*해 흙으로 덮어주기도 합니다.

 * 환상 박피 : 나무 또는 나무의 가지 줄기를 따라 환상(Ring)으로 나무껍질(Bark)을 제거하는 것을 말합니다.

· 고취법 : 보통 고무나무나 천남성과 식물 또는 분재로 가꾸는 식물에 주로 사용하는 번식 방법입니다. 줄기를 기존 지름의 절반만큼 도려내 수태로 감싸고 빛이 차단되는 물질로 한 번 더 감쌉니다. 줄기에 상처를 낸 부위에서 뿌리가 발달하면 해당 부위 아래를 잘라 새로운 개체로 키웁니다.

나를 알고 적을 알면 백전백승!
해충에 대한 전문 지식 알아보기

식물을 관리하다 보면 다양한 해충과 마주하게 됩니다. 그중 실내 식물에 빈번히 발생하는 대표적 해충 종류와 특성에 대해 알아보고, 예방 및 해결법을 익혀봅시다.

종류

깍지벌레

1~5mm의 크기로, 암컷의 성체가 타원형의 등가죽(깍지)을 가지고 있습니다. 가루깍지벌레, 무화과깍지벌레, 갈색깍지벌레 등이 있으며 가루깍지벌레의 경우 주변에 하얀 솜과 같은 가루가 보이는 것이 특징입니다.

· 생리 : 대부분 5~10월 사이에 연 1~3회 발생하지만, 일반 가정에서는 계절이나 횟수에 상관없이 빈번히 발생합니다. 잎의 뒷면, 앞면, 줄기, 잎자루, 가지와 줄기의 연결 부분, 잎맥에 주로 기생하며 식물의 즙을 빨아 먹습니다.

· 피해 : 잎이나 줄기의 즙액을 흡착하며 피해를 줍니다. 심할 경우 그을음병*을 유발하며 피해 부위에 노랗거나 하얀 반점이 생깁니다.

* 그을음병 : 잎이나 줄기에 검게 그을은 듯한 균사와 포자가 덮히는데, 긁으면 떨어지는 병을 말합니다.

잎응애

0.1~0.5mm의 작은 크기로, 거미강에 속하는 해충입니다. 거미줄을 내뿜는 특성을 보입니다. 대표적으로 점박이응애, 차응애, 차먼지응애 등이 있습니다.

· 생리 : 고온 건조한 환경에서, 연 10회까지 발생하고 6~8월에 가장 많이 발생합니다. 일반 가정에서는 계절과 횟수에 상관없이 빈번히 발생하며, 번식력이 높고 해충제의 저항성이 쉽게 나타납니다.

· 피해 : 주로 잎의 뒷면에 기생하며 잎을 흡즙합니다. 피해 부위에 미세한 흰색 반점이 생기며, 심하면 갈변하고 마르며 잎이 떨어집니다.

진딧물

2~4mm의 크기로 어린줄기나 잎, 꽃 등을 가해하는 해충입니다. 녹색, 적색, 황색, 갈색 등 다양한 색을 보입니다.

· 생리 : 고온 건조한 환경에서 통풍이 불량할 때 빈번히 발생합니다. 단위 생식으로 번식력이 왕성하고 바이러스의 매개체가 됩니다.

· 피해 : 생육을 방해하며 피해 부위에 반점이 생길 수 있습니다. 식물의 즙액을 흡즙하고, 당 성분을 배설해 그을음병을 유발할 수 있습니다. 바이러스의 매개체가 될 수 있어 주의해야 합니다.

총채벌레

1~2mm의 크기로 얇고 긴 모양을 띄며, 날개가 달려 잎의 뒷면에 주로 서식합니다.

· 생리 : 고온 건조한 환경에서 주로 발생합니다. 양성 생식과 단위 생식을 해 식물의 부드러운 조직에 산란하고 번식이 빠릅니다. 부화한 유충은 식물 조직에 피해를 입히고, 흙 속에서 번데기가 됩니다. 번데기가 우화하면 식물체로 날아가 또다시 피해를 입히고 산란합니다.

· 피해 : 유충과 성충 모두 잎이나 어린 줄기, 꽃을 흡즙하며 피해를 주고 피해 부위에는 흰색, 황색, 갈색 등의 반점이 나타납니다. 식물 조직

에 산란하고 흡즙해 잎이나 열매가 기형적인 모습으로 변할 수 있습니다.

작은뿌리파리

1~2mm의 크기로 초파리와 비슷한 외형의 해충입니다. 어둡고 습한 토양에 알을 낳고 유충이 식물의 뿌리를 먹고 성장하며 피해를 입힙니다.

· 생리 : 주로 어둡고 다습한 토양 혹은 고인 물 위에 알을 낳습니다. 번식이 무척 빠르고 전염성이 높습니다.

· 피해 : 흙에서 부화한 유충은 뿌리를 갉아먹어 상처를 입히고 식물의 내부로 침입해 피해를 줄 수 있습니다. 피해를 입으면 뿌리 활착이나 생장이 더디고, 잎으로 원활한 양분과 수분의 공급이 이뤄지지 않아 추가 피해가 발생할 수 있습니다.

온실가루이

1~2mm의 크기로 잎의 뒷면에서 흡즙하며, 흰색을 띄고 날개를 가진 해충입니다.

· 생리 : 통풍이 불량하고 고온 건조한 환경에서 주로 발생합니다. 주로 어린잎에 산란하고 알에서 성충까지 공존하며 증식이 매우 빠릅니다.

· 피해 : 주로 잎의 뒷면을 흡즙하며 피해를 줍니다. 피해 부위에는 노란색 또는 갈색의 반점이 생깁니다. 또한 분비물은 그을음병을 유발하며 생육에 장애를 줄 수 있습니다.

<table>
<tr><td>예방</td><td>❶ 앞서 언급한 해충들은 주로 통풍이 불량하고 고온 건조한 실내 환경에서 주로 발생합니다. 지나치게 건조한 환경에서는 식물 주변에 물을 분무해 습도를 올려줍니다. 통풍이 불량한 환경에서는 식물 간의 거리를 넓히고, 불필요한 가지는 제거해 통풍을 원활히 하는 것이 예방에 도움이 됩니다.</td></tr>
</table>

예방

❶ 앞서 언급한 해충들은 주로 통풍이 불량하고 고온 건조한 실내 환경에서 주로 발생합니다. 지나치게 건조한 환경에서는 식물 주변에 물을 분무해 습도를 올려줍니다. 통풍이 불량한 환경에서는 식물 간의 거리를 넓히고, 불필요한 가지는 제거해 통풍을 원활히 하는 것이 예방에 도움이 됩니다.

❷ 해충은 주로 새로 데려오는 식물들에게 발생해 주변 식물로 전염되는 경우가 많습니다. 따라서 새로운 식물을 들인 뒤에는 다른 식물들과 격리하고 잎의 앞, 뒤, 줄기 등을 자세히 살피며 해충의 존재 유무를 파악하는 게 중요합니다. 해충이 의심되는 경우, 미리 약제를 살포해 제거한 뒤 다른 식물들과 같은 공간에 두는 것이 좋습니다.

❸ 말라 죽은 가지, 떨어져 쌓인 낙엽은 해충의 좋은 서식처이자 훌륭한 월동처가 될 수 있습니다. 따라서 손상된 잎, 가지, 낙엽 등은 해충이 발생하기 전에 미리 제거하도록 합니다.

방제법

해충은 대체적으로 번식이 왕성해 한 번의 방제로는 완벽한 제거가 어렵습니다. 또한 약 저항성이 쉽게 생기기 때문에 두 가지 이상의 약제를 3회 정도 뿌려 처리하는 것이 좋습니다.

식물의 상부에 발생한 해충(깍지벌레, 응애, 진딧물, 총채벌레, 온실가루이)
① 다른 식물들과 격리합니다.
② 눈으로 보기에 해충이 많은 곳이나 해충으로 인한 피해가 심한 부위는 제거합니다.

③ 통풍이 원활한 환경을 만들어줍니다(가지치기, 개체 간의 간격 넓히기, 서큘레이터 사용 등).

④ 아래의 약재를 5~10일 간격으로 총 3회 경엽 처리*합니다.

   · 약재 추천 : 비오킬(1:10~40), 과산화수소수(1:20~40), 난황유(1:300).

       희석비는 약해의 방지를 위해 잎이 여린 식물의 경우 옅게 합니다.

       ex)1:10 → 1:40

⑤ 알과 약충(유충)을 확실히 제거하기 위해 한 달 간격으로 3회 추가로 경엽 처리합니다.

   * 경엽 처리 : 잎과 줄기 전면에 고루 약제를 살포하는 것을 말합니다.

식물의 하부에 발생한 해충(작은뿌리파리)

① 토양 속에서 뿌리를 가해하는 해충이기에 아래의 약재를 5~14일 간격으로 총 3회 관주 처리*합니다.

   · 약재 추천 : 비오킬(1:20~40), 과산화수소수(1:20~40),

       빅카드(클로티아니딘 액상수화제, 저독성-어독성 3급, 1:2000).

② 토양 전체에 약제가 고루 스며들도록 천천히, 그리고 충분히 관주합니다.

③ 주변에 식물이 있다면 함께 처리합니다.

④ 추가로 희석액을 3일 간격으로 토양 표면에 분무합니다.

⑤ 빛과 통풍이 좋은 환경에서 관리하고, 토양은 약간 건조하게 관리합니다.

   * 관주 처리 : 물을 주듯이 희석 약재를 주는 것을 말합니다.

식물과 함께하는 공간
Planterior

플랜테리어(Planterior)는 식물(Plant)과 인테리어(Interior)가 합쳐져 탄생한 합성어입니다. 단어 그대로 식물로 실내를 꾸며 인테리어, 공기 정화, 정서적 안정 효과 등을 얻고자 하는 인테리어 방법입니다. 플랜테리어는 식물을 통해 보다 자연스럽고 생기 있는 실내 공간을 연출할 수 있습니다. 식물이 가진 부수적인 기능들을 통해 보다 건강한 삶을 경험할 수 있다는 장점으로 최근 높은 관심을 받고 있습니다.

식물 집사가 추천하는 공간별 식물 활용법

공간에 맞는 식물을 배치할 때 가장 중요한 점은 해당 장소의 특징을 파악하는 것입니다. 공간의 특징을 파악했다면 식물의 특성을 바로 알고, 공간과 특성에 따라 배치하는 것이죠. 식물을 들인 뒤에는 새로운 환경에 잘 적응하는지, 문제가 있는 곳은 없는지 잘 살펴주는 것도 잊어서는 안 됩니다.

1

강한 빛이 오래 들어오는 곳, 환기가 용이한 곳으로
사계절 온도가 느껴지는 공간 = 남향 베란다, 테라스

남천, 월마, 오렌지 재스민, 로즈메리, 무화과나무, 올리브나무

> **남천**은 가을과 겨울의 저온에서 잎이 알록달록 단풍이 드는 특징이 있습니다. **월마**는 빛을 많이 볼수록 황금빛으로 물들죠. 이 두 식물은 내한성이 강해 하루 종일 충분한 빛을 받을 수 있는 베란다, 테라스, 야외 공간 등에 잘 어울리는 식물들입니다.

> **로즈메리**와 **올리브나무**는 빛을 많이 볼수록 건강하게 성장하는 식물들입니다. 내한성도 강한 편이기 때문에 하루 종일 충분한 빛을 받을 수 있으며, 통풍이 원활한 베란다 환경에서 관리하기 좋은 식물입니다.

> **무화과나무**는 겨울철 저온에는 잎을 모두 떨어트리고, 겨울눈을 만드는 식물입니다. 무화과나무 같은 온대 식물은 다음 해에 다시 건강한 잎과 열매를 맺기 위해 겨울철 저온에서 관리해 잎을 떨어트리고 겨울잠을 자도록 하는 것이 좋습니다.

> **사계귤**은 햇빛이 충분한 공간에서 건강하게 자랍니다. 하지만 추위에는 약하기 때문에 겨울철 베란다 온도가 영하로 떨어지기 전에 꼭 실내로 들여 저온 피해를 입지 않도록 해야 합니다.

2
낮 시간 동안 창을 하나 거친 밝은 빛이 잘 들어오는 실내 공간
= 동·남향 거실 창가, 큰 창이 있는 방

휘카스 움베르타, 오렌지 재스민, 금전수, 몬스테라

> 빛이 잘 들어와 사계절 내내 따뜻한 실내에서는 잎이 넓고 독특한 열대성 식물을 키우는 것을 추천합니다. **휘카스 움베르타**는 잎이 하트 모양으로 생긴 귀여운 식물입니다.

> 비슷한 난이도의 식물로 **금전수**도 추천합니다. 동전처럼 생긴 잎이 층층이 있는 모습 때문에 금전수라고 불리며, 돈을 불러온다는 의미가 있어 개업 선물로 많이 선택받는 식물입니다.

> 대표적 실내 관엽 식물인 **몬스테라**는 초보 집사들도 큰 어려움 없이 관리할 수 있는 식물입니다. 직사광선을 제외한 강한 빛을 받아야 특유의 찢어진 잎을 많이 보여준답니다.

> 꽃과 열매를 만나고 싶다면 **오렌지 재스민**을 추천합니다. 충분한 빛으로 따뜻한 실내에서 지속적으로 꽃을 피우고 열매를 맺는 식물입니다.

3

**직접적으로 빛을 받을 수는 없지만,
밝은 빛이 들어오는 창문이 있는 실내의 안쪽 공간
= 작은 창이 있어 빛이 적게 들어오는 곳, 거실 창에서 멀지만 밝은 곳**

아레카야자, 겐차야자, 여인초, 드라코

> 빛을 잘 받으며 성장하면 잎의 광택과 건강이 좋아지지만, 다소 낮은 광도에서도 잘 적응하는 식물들입니다. 너무 강한 빛을 받을 경우에는 잎이 화상을 입어 노랗게 변할 수 있으니 강한 빛을 장시간 보는 것은 주의해야 합니다.

> 반대로 빛이 지나치게 부족한 공간에서는 잎에 비해 줄기가 얇고 길게만 자라는 웃자람이 발생할 수 있습니다.

> **아레카야자**는 증산 작용이 활발하게 일어나는 식물로, 공기 정화 효과가 탁월하다고 알려져 있습니다. 많은 사람이 머무르는 거실 공간에 배치하는 것을 추천합니다.

4
짧은 시간 밝은 빛이 들어오는 실내의 안쪽으로
실내등 정도의 빛이 있는 공간 = 해가 짧게 들어오는 실내 안쪽

아글라오네마, 칼라데아, 스킨답서스, 아이비, 고사리, 홍콩야자

> 모두 일반적인 실내등 정도 광도에서 문제없이 적응
하는 식물들입니다. **홍콩야자, 스킨답서스, 아글라오
네마, 아이비**는 물 주기를 몇 번 놓쳐도 될 만큼 흙의
건조함에 강한 식물이기 때문에 초보 집사들도 어렵지
않게 관리할 수 있습니다.

> 환경 적응력이 뛰어나 빛과 바람이 부족해도 큰 문제
없이 성장하기 때문에, 실내 어떤 공간에서도 관리하
기가 쉽습니다. 추위에는 약한 편이니 겨울철 저온 피
해에 주의해야 합니다.

리피가 바꿔드립니다
플랜테리어 Before & After

끌림벤처스 서초동 사무실 업무 공간	요청 사항ㅣ 새로 입주하는 사무실의 출입구 플랜테리어. · 관리가 용이한 식물들로 꾸며지길 바람. · 초록빛 색감을 가진 다양한 식물이 조화를 이루길 바람.

Before

넓은 공간이 하나로 뚫려있어 자칫 잘못하면 허전한 느낌이 들 수 있는 곳입니다. 전문 가드너와 공간 디자이너가 소속된 식물 집사 리피의 가드닝 팀이 현장에 방문, 대면 미팅과 실측을 통해 시공 예정 공간의 채광 수준, 통기 수준 등 주요 환경을 조사합니다. 사무실 환경에서도 건강하게 자랄 수 있는 식물들을 큐레이션 하기 위해서입니다.

예상 식물 후보군은 천남성과, 극락조화과, 용설란과, 종려과, 두릅나무과, 뽕나무과의 식물입니다. 대체로 빛이 부족하고 통기 수준이 좋지 않아도 문제없이 잘 자라는 식물들을 후보군으로 선정했습니다.

시공 전 공간

후보군으로 선정된 식물들 중에서 고객의 선호를 바탕으로 실제 시공이 가능한 식물들을 선정하고, 해당 식물들로 연출할 수 있는 실제 공간의 이미지를 3D 렌더링으로 구현해 논의합니다. 실제 공간을 사용하는 사람들의 취향에 맞게 화단의 형태, 화분의 색상, 메인 식물 외 보조 식물 등을 선정합니다. 전문 가드너와 공간 디자이너가 정원의 전체적인 플랜테리어의 이미지를 설계해 사무실에 딱 어울리는 공간이 탄생했습니다.

선정 식물들(왼쪽부터) :
셀로움, 떡갈고무나무, 극락조화, 아가베, 드라세나.

요청 사항 | 공덕동에 신설되는 코워킹 스페이스(Co-Working Space)의
플랜테리어.

Before

처음부터 1층과 3층의 라운지 공간을 특히 중요하게 고려했습니다. 코워
킹 스페이스의 특성상 사무 공간에서 각자 업무를 하다가, 공용 공간인
라운지에서 휴식을 취하거나 미팅 등을 하기 때문입니다.

전문 가드너와 공간 디자이너가 소속된 식물 집사 리피의 가드닝 팀이 현
장에 방문해 대면 미팅과 실측을 통해 시공 예정 공간의 채광 수준, 통기
수준 등 주요 환경을 조사합니다. 그 결과를 바탕으로 해당 환경에서 건
강하게 자랄 수 있는 식물들을 큐레이션 했습니다.

1층 : 700lux 이하의 밝기 유지, 통기 불량. 식물이 건강하게 성장하기 어려운 환경으로,
식물 배치가 적합하지 않아 조화로 연출한 공간을 제안했습니다.

3층 : 500lux 이하의 밝기 유지, 통기 불량. 식물이 건강하게 성장하기 어려운 환경이나
고객사 요청에 의해 해당 환경에서 최대한 견딜 수 있는 식물들(천남성과, 극락조
화과, 종려과, 뽕나무과 등)을 선정해 제안했습니다.

시공 전 1층 라운지

시공 전 3층 라운지

- 1, 3, 4, 5, 14, 15, 16, 17, 18, 19, 20층의 크고 작은 공간에 대한 플랜테리어 요청.
- 젊고 자유로운 분위기, 업무 효율 향상을 위한 공기 정화, 공간 구분에 중점.
- 중요 공간 1층 : 홀과 라운지의 구분선 및 시선의 분산을 위해 시공 요청.
  3층 : 공간의 구분을 위해 시공 요청.

After

큐레이팅 한 식물들을 제안해 고객 선호도를 조사하고, 고객의 니즈에 맞춘 공간으로 탈바꿈했습니다. 3D 렌더링을 통해 제안한 식물들로 연출 가능한 공간 이미지를 제작해 제공하고, 컨설팅 결과에 따라 최종 설계와 디자인을 완성했습니다. 녹색 식물을 곳곳에 배치해 공간을 구분함으로써 여러 사람이 함께 이용할 수 있도록 했습니다. 편안히 쉬기에도 좋고, 사람들끼리 대화하기에도 좋은 아늑한 분위기의 공간이 탄생했습니다.

1층 : 갈대와 사초(조화), 모래언덕으로 구성된 화단.

3층 : 라운지에서 일어나는 다양한 활동을 구분할 수 있는 그린 월(Green wall).

1층 라운지 시공 완료

3층 라운지 시공 완료

초록을 찾아 떠나는 여행
식물 카페 투어

아직 집에서 식물을 키우기 부담스럽다면, 식물이 많은 곳을 방문해보길 추천합니다. 최근에는 플랜테리어를 활용한 카페나 갤러리, 식물원 등 도시에서도 충분히 식물을 즐길 수 있는 공간이 많이 생겼답니다. 초록빛이 가득한 공간에서 식물에 둘러싸이는 기분을 만끽해보는 것 역시 특별한 경험이 될 것입니다.

1	2
풀,로리	**어반플랜트**
성남시 분당구	서울시 마포구

반려동물도 함께 시간을 보낼 수 있는 카페입니다. 천장, 벽면, 바닥까지! 카페의 모든 공간에서 식물을 만나볼 수 있습니다. 카페 안 식물들은 직접 구매할 수 있고, 무엇보다 식물에 대해 궁금한 점을 물어보면 친절하게 설명해주는 멋진 사장님이 있습니다.

크기가 큰 대형 식물들로 연출된 실내 공간이 마치 숲속에 들어온 듯한 착각이 들게 하는 카페입니다. 음료를 주문하면 작은 꽃과 함께 음료에 관한 설명이 담긴 카드를 제공해주는 센스 만점의 공간입니다.

3
카페 녹다
서울시 관악구

선반, 마크라메, 식물이 따뜻한 조명 아래 자연스럽게 어우러진 카페입니다. 카페 녹다는 실내 공간과는 다른 분위기의 테라스가 매력 포인트인 카페입니다. 카페 녹다의 테라스는 대학동 골목 사이에 숨겨진 작은 정원 같은 느낌이 난답니다.

4
까치화방
서울시 강남구

까치라는 독특한 이름으로 눈길이 가는 카페입니다. 카페 안에 화원이 자리잡고 있으며, 진열된 꽃들이 앤티크 가구와 어우러져 분위기가 한층 더 깊어지는 공간입니다. 잎 모양의 귀여운 티 코스터에서 식물을 사랑하는 까치화방의 섬세함을 엿볼 수 있습니다.

5
그린머그
서울시 구로구

자연을 사랑하고, 자연의 맛을 살린 디저트를 선보이는 자연 카페입니다. 천장에서 식물이 내려오는 독특한 인테리어가 그린머그의 특징! 당근과 고구마로 만든 디저트는 깊이 있는 달콤함이 느껴집니다.

Outside

녹색 위로를
선물하는 사람들

식물 집사의 가치

식물 집사 리피의 머릿속에는 어떤 생각들이 자리 잡고 있을까요?
또 다른 리피가 되고 싶은 예비 식물 집사들에게 알려드립니다.

#1:1_상담

#반려식물_처방전

#플랜테리어

#비료연구

#식물과의_대화법

#식물콘텐츠

#연구팀

#가드닝_팀

#희귀식물소개

#식물상담

#커뮤니케이션

#가드닝

#전문성

#이달의_식물

#식물집사_트레이닝

#식물요구

#콘텐츠

#식물자가진단

#반려식물도감

#1:1_상담 #커뮤니케이션

식물을 들일 예정인 예비 식물 집사부터 식물을 처음 접하는 초보 식물 집사, 많은 식물을 기르지만 새로운 식물에 대한 정보가 궁금한 고수 식물 집사까지! 식물 집사 리피는 도움이 필요한 모든 식물 집사들과 소통하며 1:1 상담을 진행하고 있습니다. 각 집사들의 고충을 들으며 함께 해결책을 모색하고, 그 데이터를 바탕으로 식물을 기르는 사람들이 실제로 궁금해하고 필요한 것이 무엇인지 연구합니다.

#전문성 #가드닝_팀 #연구팀

식물 집사 리피는 화훼 장식 기능사, 조경 관리사, 원예 기능사, 식물 보호 기사 등 식물 관련 전문 자격증을 소지하고 있습니다. 다년간의 풍부한 식물 관리 경험이 있는 전문 가드닝 팀을 통해 식물 큐레이션과 1:1 전문 상담을 진행합니다. 또한 식물 생리학, 미생물 전공의 연구 팀을 통해 식물의 생장과 관리에 필요한 친환경 비료 및 친환경 농자재를 개발하고, 보다

전문적인 지식과 데이터를 축적해가고 있습니다.

#반려식물도감 #콘텐츠

식물 집사 리피는 식물 관리법, 식물 상태에 따른 대처 방법, 우리 생활 속에 자리 잡은 식물에 대한 이야기 등 식물에 대한 수많은 정보를 수집합니다. 수집한 정보를 체계화하고 시각화해 반려식물도감, 반려식물 처방전, 화가의 식물 등 다양한 콘텐츠로 발행합니다. 그중 반려식물도감은 식물에 대한 기초 정보부터 심화 정보까지, 정확한 정보를 쉽고 체계적으로 안내하기 위해 기획한 콘텐츠입니다. 식물 집사 리피가 가장 처음으로 기획하고 만든 콘텐츠로 지금의 리피를 있게 해준 대표 콘텐츠입니다.

숫자로 보는 리피의 역사

리피 인스타그램 개설 날짜

2018년 **10**월 **19**일

리피 팔로워 남녀 비율

86.6% **13.4%**
여성   남성

팔로워 연령대 분포

13-17세 **0.3%**

18-25세 **8.3%**

25-34세 **52.1%**

35-44세 **31.9%**

45-54세 **6.3%**

55-61세 **0.9%**

65세 이상 **0.2%**

리피 주간 평균 발행 게시물 수

6개

리피 팔로워 최다 활동 시간대

PM 6:00-9:00

리피 누적 1:1 식물 상담 건수

12,905건

리피 주간 1:1 평균 식물 상담 건수

약 **200**건

* 2021년 5월 10일 기준

식물 집사로 살아가는 사람들, 리피스트의 이야기

Interviewee
식물 집사 리피
구성원

· 신지환 _ 리더
· 문영준 _ 식물 MD
· 주세환 _ 연구팀 리더
· 전제일 _ 선임 가드너

리피는 어떻게 식물 집사가 되었나요?

사실 식물은 늘 우리 곁에 있습니다. 그런데 잘 인지하지 못하고 살아가죠. 식물 집사 리피의 구성원들은 대부분 어느 날 갑자기 식물 집사가 되었다기보다, 일상 속에서 식물을 접하다 자연스럽게 식물에 관심이 커지게 되었답니다. 식물을 기르다 보니 좀 더 잘 기르고 싶은 마음에 그 식물에 대해 알아보게 되고, 식물이 꽃을 피웠는지, 키가 더 자랐는지, 새잎이 돋아났는지를 발견하는 즐거움에 꽤나 힘들고 번거로운 관리를 기꺼이 하게 되었습니다. 어쩌면 식물과 함께하는 삶을 살아가기 시작한 순간부터 식물 집사가 되었는지도 모르겠습니다.

식물 집사들이 모여 무슨 일을 하나요?

식물 집사 리피의 구성원들이 모여 하는 일은 크게 세 가지로 나눌 수 있습니다.
첫째, 농산업 분야를 변화시킬 수 있도록 체계적인 연구·개발을 통해 친환경 비료를 비롯한 식물 관리 제품을 개발하는 일입니다. 버려지는 식물성 폐기물로 비료를 만드는 것을 중심으로 산업에 혁신과 사회적 기여를 가져올 연구와 제품 개발을 주도합니다.

둘째, 식물에 관심이 있거나 식물 관리에 어려움을 느끼는 모든 사람들을 위해 출처가 불분명하고 정확성이 떨어지는 식물에 대한 정보를 정확하고 쉽게 전달하는 일. 그리고 전문적이고 체계적으로 상담하고 진단을 내리는 일입니다. 이를 통해 단순히 식물을 판매하는 것이 아니라 식물과 함께하는 경험이 행복한 경험으로 발전할 수 있도록 노력합니다.

셋째, 식물을 직접 재배하고 판매하는 농가와 협업해 보다 건강한 식물을 선별하고, 보다 합리적인 가격으로 소비자에게 전달하는 일입니다. 그뿐만 아니라 유통 과정에서 체계적인 검수 과정을 통해 항상 건강하고 일정한 품질의 식물을 소비자에게 전달하는 것을 목표로 합니다. 또한 그 과정에서 유통 단계를 축소해 보다 합리적인 가격에 건강한 식물과 함께하는 경험을 누릴 수 있도록 노력하고 있습니다.

앞으로의 목표는 무엇인가요?

리피의 목표는 대한민국 1등 가드닝 플랫폼이 되는 것입니다. 식물을 좋아하는 사람들이 모이는 커뮤니티이자, 식물 관리에 필요한 정보를 얻을 수 있는 가이드북이자, 식물 상담을 요청할 수 있는 식물 전문가이자, 식물과 식물 관리에 필요한 제품을 구매할 수 있는 만물상점이 되는 것이 목표입니다. 이 모든 것들을 통합한 가드닝 플랫폼으로의 성장을 목표로 하고 있습니다.

식물을 키우는 구독자들은
주로 어떤 것을 궁금해 하나요?

리피를 팔로우하는 사람들 대부분은 보통 식물을 처음 마주한 사람이 거나, 식물에 관심은 있지만 아직까지 식물을 직접 관리해본 경험이 없는 사람들이 많습니다. 그 때문에 물 주기, 햇빛, 바람 등 대부분의 식물에 통용되는 기본적인 식물 관리법을 궁금해하는 사람들이 많아요. 그래서 식물 관리에 필요한 기본적인 정보나 용어를 쉽고 체계적으로 안내하기 위해 노력하고 있습니다.

반려 식물 도감과 같은 특정 식물을 소개하는 콘텐츠를 발행할 때는 해당 식물을 키우고 있는 집사들의 질문이 많아집니다. 몬스테라를 키우고 있는데 찢어진 잎이 안 생긴다거나, 꽃식물을 키우고 있는데 꽃이 피지 않는다거나, 과실수를 키우는데 열매가 맺히지 않는다거나 하는 등, 특정 식물을 키우면서 실제로 경험하는 어려움이나 구체적인 관리법에 대한 질문이 많아지죠. 팔로워가 궁금해하는 내용은 리피의 구성원이 실시간으로 답변하거나, 그중에서도 질문이 많았던 내용은 추후 콘텐츠 제작을 통해 보다 구체적으로 소개하고 있습니다.

'리피' 하면 1:1 식물 상담이 강점인데요.
기억에 남는 상담 케이스가 있나요?

아무래도 상담이 끝날 때 감사 인사를 하고, 상담 이후에 후기를 보내주는 집사들이 가장 기억에 남는 것 같아요. 식물 키우기에 어려움을 갖고 있는 사람들에게 무료 식물 상담을 해줌으로써 '식물을 키우는 것, 리피와 함께하면 더는 어렵지 않고, 충분히 재밌게 헤쳐 나갈 수 있다'는 메시지를 전달하고자 노력하고 있기 때문입니다.

상담이 끝나갈 때에 "리피 덕분에 한시름 놓아요" "리피가 알려준 정보들 때문에 식물이 생생해진 것 같아요"라고 말해주거나, 회복된 식물의 사진이나 동영상을 함께 첨부해 "리피 덕분에 시들고 아파하던 식물이 이렇게 건강해졌어요. 너무 감사해요"라고 이야기해주는 초보 집사들 덕분에 일하면서 많은 보람을 느끼고 있답니다.

감사 인사와 후기를 받은 날은 하루 종일 기분이 좋아지고, 그 힘으로 더 열심히 상담을 진행할 수 있어요.

처음 식물을 키우는 초보 집사들에게 식물을 추천해주신다면?

처음 식물을 키우기 시작했을 무렵, 귀여운 잎을 보여주던 '알로카시아'를 키우게 된 적이 있습니다. 예쁜 집으로 이사를 시켜주니, 알로카시아는 금방 예쁜 새잎을 내주었죠. 자라는 속도가 빨라 키우는 재미가 생겼고, 집에 돌아오면 알로카시아를 가장 먼저 찾게 될 정도였죠.

당시 살던 곳은 빛이 잘 들지 않아 식물을 키우기에 알맞은 환경은 아니었지만 잘 키우고 싶은 마음에 '무엇을 해줄 수 있을까' '어떻게 하면 예쁘게 키울 수 있을까' 하고 고민하고 공부했습니다. 이처럼 식물에 관심을 주고 잘 키우기 위해 공부하고 노력하는 과정이 있어야 더 식물을 사랑하게 되는 게 아닐까요?

그래서 처음 식물을 키우고자 하는 이들에게 몬스테라, 스킨답서스, 아이비 같은 관리가 쉽고 생장이 빠른 식물들을 추천하는 편입니다. 키우는 재미가 관심이 되고, 결국 식물을 좋아하게 될 테니까요.

식물을 키우고 싶지만
용기를 내지 못하는 이들에게
응원의 말을 해주신다면?

많은 사람들이 식물을 키우는 일을 너무 어렵게 여기는 경향이 있다고 생각합니다. 또 '나는 식물을 잘 못 키워' '내가 식물을 키우면 쉽게 죽어'라며 자신의 부족함을 탓하기도 하죠. 식물과 함께하는 일을 어렵게 생각하지 않으면 좋겠습니다.

사실 식물이 어떻게 성장하는지, 어떤 특성을 가지고 있는지만 알고 있다면 보다 쉽게 관리할 수 있습니다. 반려동물과 함께할 때 갖춰야 할 요건이나 미리 준비하고 알아둬야 할 것들이 있듯, 식물과 함께할 때도 미리 준비해야 할 것과 알아둬야 할 것이 있습니다. 특히 식물을 키워본 경험이 없다면 식물에 대한 정보를 찾아보고 관리가 쉬운 식물부터 시작했으면 좋겠어요. 내가 충분히 알고 있다면 식물을 기르고자 하는 마음과 용기가 생길 것이라고 생각합니다. 식물에 대한 정보를 찾기가 어렵다고요? 그런 사람들을 위해 '식물 집사 리피'가 여기 존재합니다.

식물 집사의 작업 공간

리피 사무실의 식물들

식물 집사 리피는 사무실에서 다양한 종류의 식물들과 함께하고 있습니다.
처음 들이는 식물은 직접 관리하며 자세한 정보를 얻기도 하고,
식물을 취향에 맞게 배치해 실내 공간에 생기를 줄 수 있도록 연출하기도 합니다.
사무실 공간과 식물 특성에 맞춰 분류한 리피의 식물들을 소개합니다.

출입구

떡갈잎고무나무, 여인초

리피의 사무실에 들어올 때 가장 먼저 눈에 보이는 공간입니다. 사무실
이 빛과 바람이 부족한 환경이기에, 빛과 바람이 다소 부족해도 문제없
이 적응하며 견딜 수 있는 식물과 조화를 이용해 연출했습니다.

빛이나 바람 등 식물에게 필요한 요소들이 부족한 공간으로 식물을 옮
길 경우, 불량 환경에 적응할 수 있도록 돕는 순화 과정이 필요해요. 예
를 들어, 베란다에서 빛을 많이 받고 자라던 식물이라면 '베란다 안쪽
창가 → 거실 → 방'의 순서로 빛을 점진적으로 줄이는 과정이 필요합니

다. 이 과정을 거치지 않고 급작스럽게 환경이 변하면 빛을 보지 못하게 된 식물은 필요한 광합성을 얻지 못해, 가지고 있던 잎을 서서히 떨어뜨리다가 말라 죽는 경우가 생길 수 있습니다.

그뿐만 아니라 불량 환경에서는 생육이 느려지고, 식물의 수분 소모가 현격히 줄어 흙 마름이 더디게 일어납니다. 그래서 흙 상태 확인 없이 불필요한 물 주기를 진행한다면, 토양 과습으로 뿌리가 손상돼 식물이 고사하는 경우가 종종 발생합니다. 따라서 빛, 바람, 온도 등 조건이 좋지 못한 환경에 식물을 둘 경우 물 빠짐이 원활한 토양에 식물을 식재합니다. 반드시 흙 상태 확인 뒤 물을 챙겨주도록 합니다.

빛이 적게 드는 베란다

무화과나무, 올리브나무

리피는 콘텐츠 제작을 위해 자연스럽게 다양한 식물을 사무실로 들입니다. 하지만 환경 요건이 맞지 않아 사무실 내에서 관리하기 어려운 식물이 대부분입니다. 그중 빛과 바람이 중요한 식물은 사무실 측면에 위치한 베란다 공간에 두고 관리합니다. 이 베란다는 다른 고층 건물에

가려져 햇빛이 원활하게 들어오지 못해 다소 어두운 편이라 개화나 결실 등은 기대하기 어렵습니다. 하지만 바람이 잘 통하기 때문에 관리에는 큰 어려움 없이 식물과 함께할 수 있는 공간입니다.

흔히 식물 관리에 있어 빛만 중요하게 생각하고 바람은 크게 신경 쓰지 않는 경우를 많이 볼 수 있습니다. 하지만 식물에게 바람, 즉 잎 사이사이로 공기가 직접 통하는 것은 매우 중요합니다. 신선한 공기의 유입은 식물의 원활한 호흡을 돕고, 증산 작용을 가속화해 적절한 습도를 유지할 수 있게 합니다. 또한, 적당한 바람은 줄기를 튼튼히 자라게 하고, 뿌리가 땅을 굳게 잡을 수 있도록 활착하는 데 도움을 줍니다. 해충 발병 예방과 식물 기체 호르몬인 에틸렌의 순환을 도와 불필요한 잎의 떨어짐을 예방하는 효과도 있습니다.

사무실 책상 위

고사리, 아스파라거스,
스파티필름, 물꽂이,
아이비 등

실내 적응력이 높고 빛이 부족한 환경에서도 잘 견딜 수 있는 관엽 식물 혹은 수경 재배 식물들이 위치한 곳입니다. 리피의 구성원들이 애정을

가지고 관리하는 식물들이 위치해 있습니다.

식물이 건강하게 성장하기에 다소 부족한 환경이지만, 세심한 관심으로 흙 상태를 파악해 물을 주고 주기적인 분무로 습도를 맞추며 병해충을 예방하기 위해 자주 살펴보고 있습니다. 천남성과, 야자나무과, 뽕나무과 식물들이 위치해 있으며 최소 8시간 이상 실내등으로 밝은 환경을 유지시키고 있습니다.

배양실

채소, 허브 등

미생물을 이용한 유기질 비료가 식물 생장에 어떤 영향을 끼치는지를 연구하는 공간입니다. 식물의 수확량, 생장량, 광합성량, 가뭄을 비롯한 외부 환경 변화를 견디는 정도 등을 객관적으로 측정해 유기질 비료의 효과를 확인하고 데이터화합니다. 주로 생장이 빠르고 변화 관찰이 쉬운 채소류와 허브류를 가지고 실험을 진행합니다. 실험을 통해 이미 개발된 또는 향후 개발될 유기질 비료 성능과 미생물이 식물에 미치는 영향을 확인하는 일이 주로 이루어집니다.

회복존

꽃사과나무, 동백나무,
셀로움 등

빛 부족 혹은 토양 문제 등의 환경 문제로 생육에 이상이 생겨 세심한 관리가 필요한 식물들이 위치한 곳입니다. 식물용 LED등을 통해 충분한 빛을 공급하고, 서큘레이터를 통해 바람이 원활하게 통할 수 있도록 해 식물의 건강 회복을 도와주는 공간입니다.

식물용 LED등은 햇빛을 완전히 대체하긴 어렵지만, 비교적 빛이 적게 필요한 관엽 식물들에게는 햇빛을 대체할 수 있는 훌륭한 수단입니다. 너무 멀리 설치하면 그 효과가 미비하고, 30cm 이내로 너무 가깝게 설치할 경우에도 엽록소가 손상되고 잎이 검거나 하얗게 변할 수 있으니 적정 거리를 유지하는 것이 중요합니다.

서큘레이터를 이용한다면 바람이 잘 통하지 않는 공간에서도 인위적으로 충분한 바람을 공급할 수 있습니다. 약풍 혹은 미풍으로 약한 바람을 지속적으로 만드는 것이 좋으며, 하루 8시간 이상이 이상적입니다.

추천 채널 & 사이트

1
농사로 농업 기술 포털
www.nongsaro.go.kr

농촌진흥청에서 운영하는 사이트입니다. 농업 기술, 연구 정보, 농자재 등 식물과 관련된 종합적인 정보를 다룹니다. 오랜 기간 축적된 데이터를 통해 식물에 대한 명칭, 원산지, 종류 및 특성, 재배법 등이 정확하고 체계적으로 정리돼있습니다. 다만, 내용과 서술 방식이 비교적 딱딱하고 전문적인 용어 사용이 많아 쉽게 이해하기 어려울 수 있습니다. 식물에 대한 기본 배경 지식을 갖추고 있어야 내용을 보다 쉽게 이해할 수 있습니다.

2
유튜브 채널 'UNCLE PLANT'
구독자 3만 5,000여 명

식물에 대한 전문적인 지식을 쉽게 전달하는 채널입니다. 친근한 말투로 어려운 내용도 쉽게 느껴지게 만드는 마성의 채널입니다. 식물별로 관리하는 방법, 삽목하는 방법, 씨앗부터 번식하는 방법 등 다양한 정보를 소개하고 있습니다. 가장 활발하게 활동하고 있는 식물 관련 유튜브 채널들 중 하나이며, 업로드 영상 수와 다루고 있는 식물의 종류도 많습니다. 최근에는 농촌진흥청과 협업해 영상을 제작하기도 했습니다.

3
홈가든넷
hgarden.net

프리랜서 그래픽 디자이너가 개인적으로 운영하는 사이트입니다. 2021년 4월 기준으로, 약 330개의 식물에 대한 포스팅이 올라왔습니다. 꼭 필요한 정보가 간결하고 체계적으로 정리돼 있어 빠르게 확인하기 좋습니다. 대중적인 식물에 대한 정보는 대부분 찾아볼 수 있으며, 사진 자료를 활용해 식물의 간략한 외형과 특징을 확인하는 데 도움이 됩니다.

KI신서 9710

식물과 같이 살고 있습니다

1판 1쇄 발행 2021년 6월 9일
1판 4쇄 발행 2022년 3월 30일

지은이 식물 집사 리피
펴낸이 김영곤
펴낸곳 (주)북이십일 21세기북스

출판사업부문 이사 정지은
인문기획팀장 양으녕 책임편집 이지연
디자인 엘리펀트스위밍
출판마케팅영업본부장 민안기
출판영업팀 김수현 이광호 최명열
마케팅1팀 배상현 김신우 한경화 이보라
제작팀 이영민 권경민

출판등록 2000년 5월 6일 제406-2003-061호
주소 (10881) 경기도 파주시 회동길 201 (문발동)
대표전화 031-955-2100 팩스 031-955-2151 이메일 book21@book21.co.kr

(주)북이십일 경계를 허무는 콘텐츠 리더

21세기북스 채널에서 도서 정보와 다양한 영상자료, 이벤트를 만나세요!
페이스북 facebook.com/jiinpill21   **포스트** post.naver.com/21c_editors
인스타그램 instagram.com/jiinpill21   **홈페이지** www.book21.com
유튜브 youtube.com/book21pub

당신의 일상을 빛내줄 탐나는 탐구 생활 <탐탐>
취미생활자들을 위한 유익한 정보를 만나보세요!

© 식물 집사 리피, 2021
ISBN 978-89-509-9553-9 13520